"COSMET" EXPLICA LA SEVA VIDA ALS NOIS I NOIES DE 8 A 14 ANYS 2

Els meus viatges per l'univers i les meves visites als savis

Eduard Alabern Valentí

"COSMET" EXPLICA LA SEVA VIDA ALS NOIS I NOIES DE 8 A 14 ANYS 2
Els meus viatges per l'univers i les meves visites als savis
Eduard Alabern Valentí

Disseny de la coberta: Equip de disseny de Universo de Letras

www.universodeletras.com

Primera edició: 2026

ISBN: 9791388008498
ISBN eBook: 9791388241857

Eduard Alabern Valentí

"COSMET" EXPLICA LA SEVA VIDA ALS NOIS I NOIES DE 8 A 14 ANYS (2)

ELS MEUS VIATGES PER L'UNIVERS

Forat negre   Sagitari A

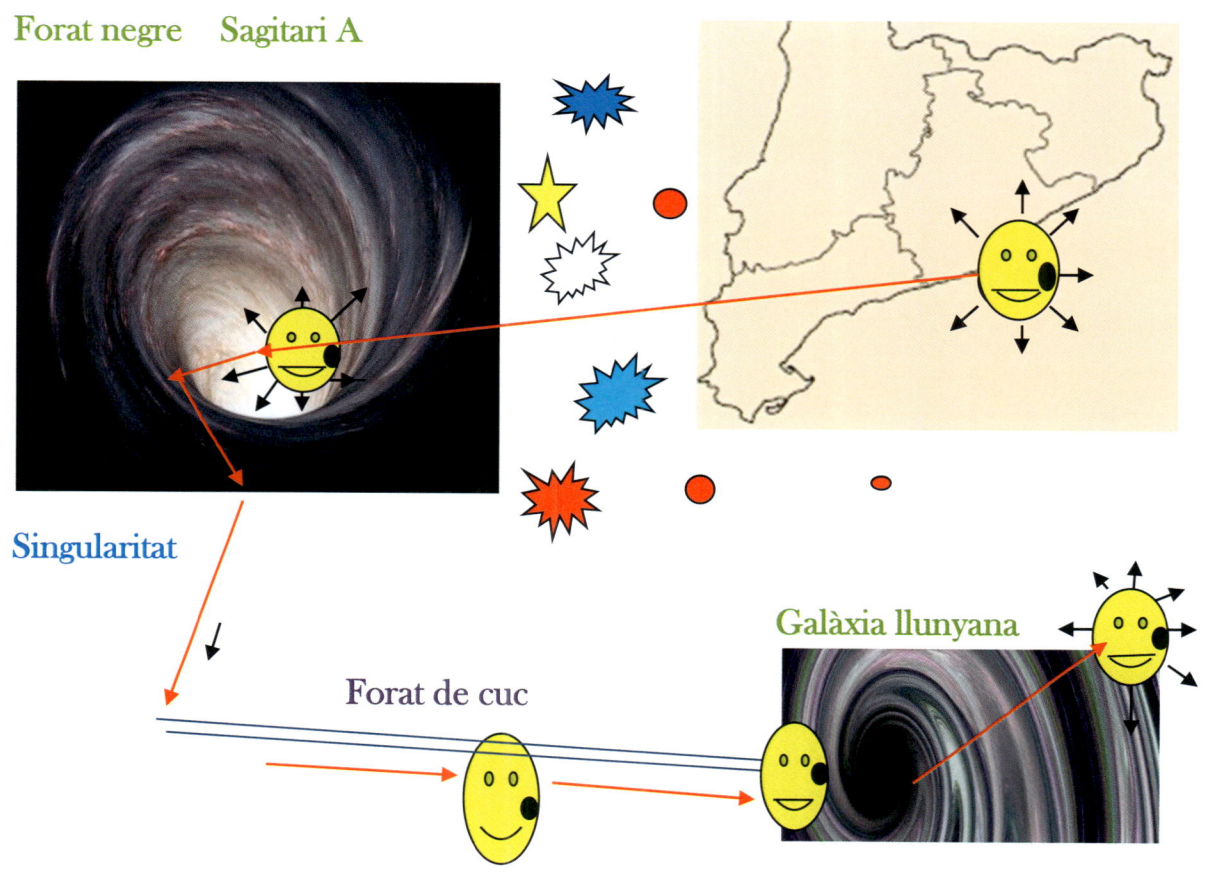

Singularitat

Forat de cuc

Galàxia llunyana

LES MEVES VISITES ALS SAVIS

1. PERMETEU-ME QUE EM PRESENTI.

ELS MEUS VIATGES PER L'UNIVERS I LES
MEVES VISITES ALS SAVIS

2. ELS MEUS TRES PRIMERS MINUTS DE VIDA I

TOT EL QUE VAIG ANAR VEIENT.

LES MEVES GRANS SORPRESES.

TOT EL QUE EXISTEIX NO ÉS MÉS QUE ENERGIA

3. ELS MEUS VIATGES PER L'UNIVERS.

COSMET JA VIU A LA TERRA I VISITA ALS SAVIS

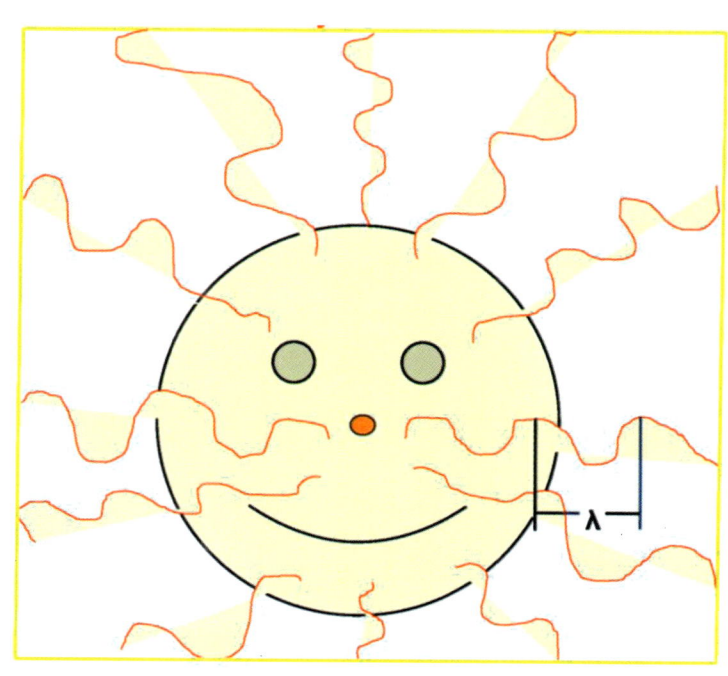

"COSMET" EXPLICA LA SEVA VIDA ALS NOIS I NOIES DE 8 A 14 ANYS (2)

ELS MEUS VIATGES PER L'UNIVERS

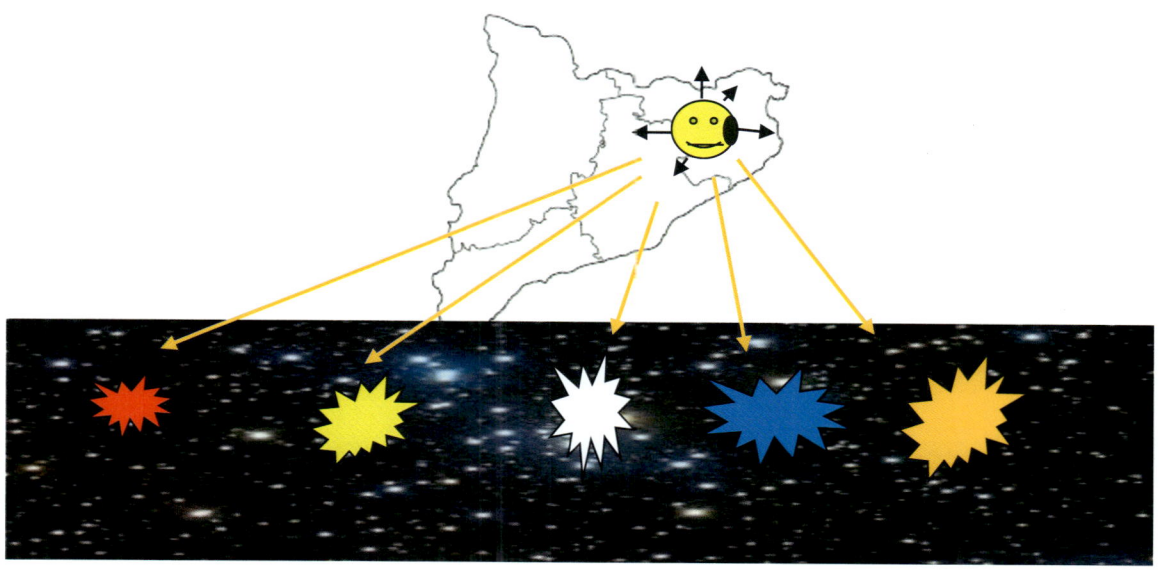

COSMET JA VIU A LA TERRA I VISITA ALS SAVIS

ELS MEUS VIATGES PER L'UNIVERS

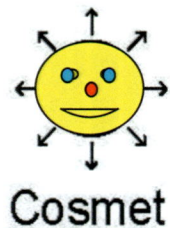

Cosmet

He visitat estrelles i galàxies

| blava | blavenca | blanca | grogosa | groga | taronja | roja |

ELS GRANS OBJECTES CÒSMICS QUE HE ANAT VISITANT

Totes les estrelles que podeu veure al cel nocturn i els milers de milions que no veieu, jo, als meus viatges, me les he pogut mirar de prop i he comprovat que no són més que enormes boles de gas incandescent, que brillen a causa de la llum o energia que emeten des de la seva superfície.

Totes emeten contínuament radiació en forma de llum.

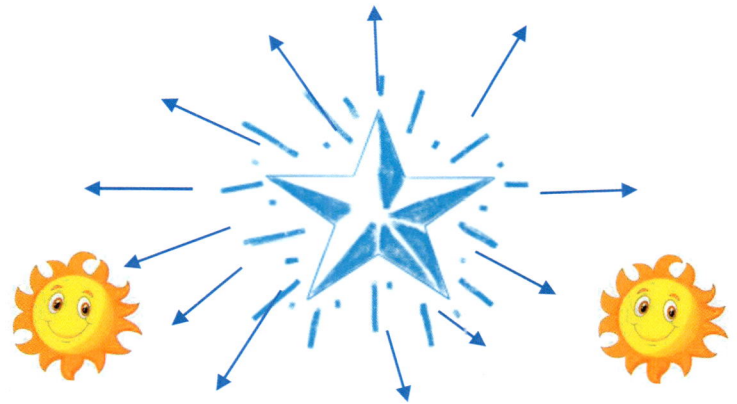

Fotons

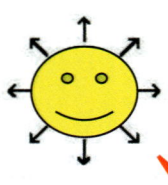

En viatges successius, he pogut comprovar què triga una nebulosa a convertir-se en estrella. Pot durar entre 100.000 anys i milers de milions d'anys.

Ja us vaig explicar que es poden entreveure estrelles de diferents colors segons quina sigui la temperatura superficial d'aquestes.

Blava	Blavenca	Blanca	Grogosa	Groga	Taronja	Roja
25.000º	11.000º		7.500º	6.000º	5.000º	3.500º

Tots coneixeu també els planetes i altres objectes que existeixen als sistemes estel·lars.

Jo he pogut veure que les estrelles tenen planetes que no paren de girar al seu voltant.

El sol en té vuit i la terra és un d'ells.

Neptú   Urà   Saturn   Júpiter

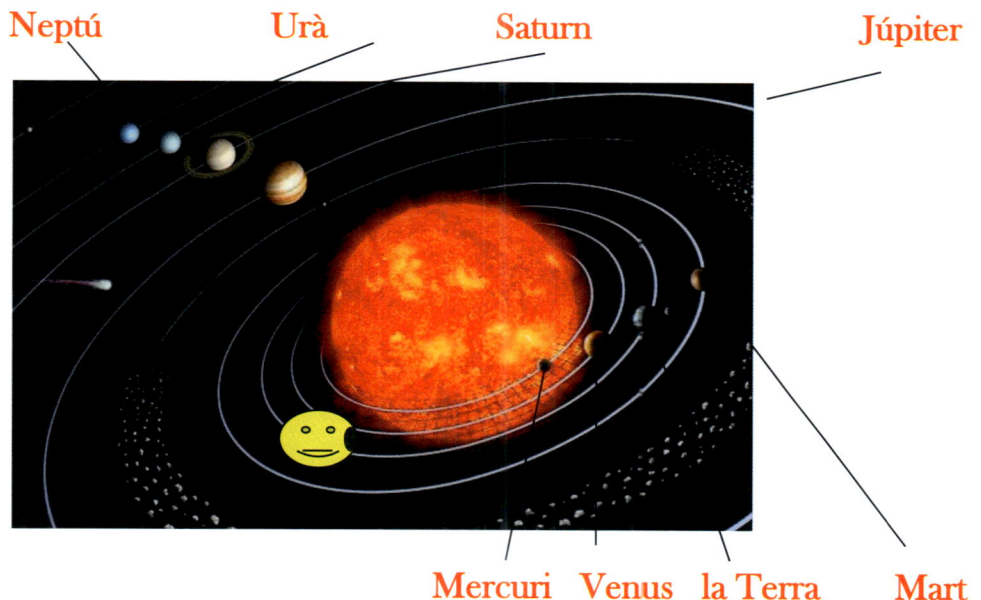

Mercuri Venus la Terra   Mart

Com he vist que les estrelles s'agrupen entre elles formant cúmuls estel·lars i galàxies

Ja us vaig explicar que les estrelles s'agrupen formant cúmuls estel·lars que bàsicament poden ser cúmuls globulars o cúmuls oberts.

Els cúmuls globulars són les primeres agrupacions d'estrelles que vaig veure formar-se.

Vaig començar a veure alguns cúmuls globulars quan només tenia poc més d'un milió d'anys. En canvi, els cúmuls oberts es van anar formant més tard. Són més petits i menys densos que els globulars. Me'ls he trobat, sobretot, als braços de les galàxies anomenades galàxies espirals.

Pel que fa a les galàxies, aquestes es troben també agrupades formant una mena de xarxa de grans filaments. De vegades semblen formar grans muralles.

Als meus viatges he pogut contar més de 100.000 milions de galàxies. D'altra banda, la quantitat d'estrelles que he vist a cada galàxia és immensa i molt variable segons la seva mida.

N'hi ha de diferents formes. Una d'elles son les galàxies espirals

Galàxia espiral

Domini públic. File: NGC 4414 (NASA-med).jpg. Galàxia espiral NGC 4414. Arxiu de domini públic perquè va ser creat per la NASA i l'ESA. Autor: The Hubble Heritage Team (AURA/STScI/NASA)

Aquestes galàxies contenen entre mil milions i centenars de milers de milions d'estrelles. Un gran nombre d'aquestes són velles, però tal com us he dit, també contenen estrelles joves, en particular als braços espirals. S'hi troben núvols de gas i pols, alguns dels quals han donat lloc al naixement de les estrelles joves.

Us explico els meus viatges al Sol i als planetes

Va ser fa uns 4.600 milions d'anys quan, prop d'on em trobava, vaig veure que el Sol es formava com una estrella més, i també la resta d'objectes molt més petits que constitueixen el sistema solar. Com jo havia vist moltes vegades, les partícules d'un gran núvol es van anar ajuntant fins a arribar a constituir el Sol.

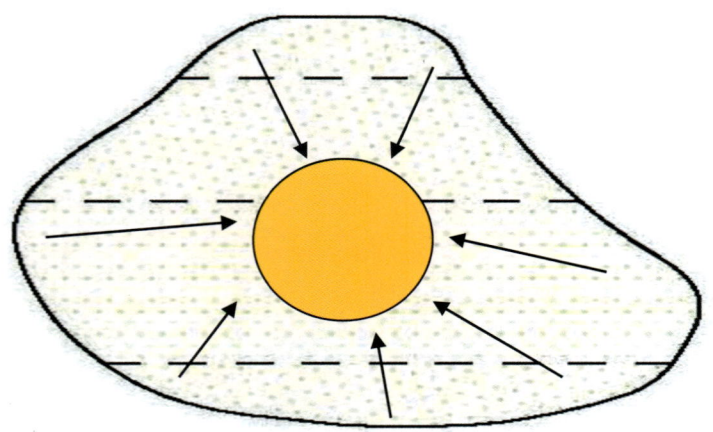

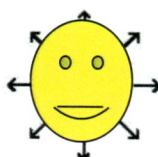

Jo vaig poder anar veient com evolucionava aquest gran núvol i com, gairebé alhora, es formaven el Sol, els planetes i altres objectes del sistema solar.

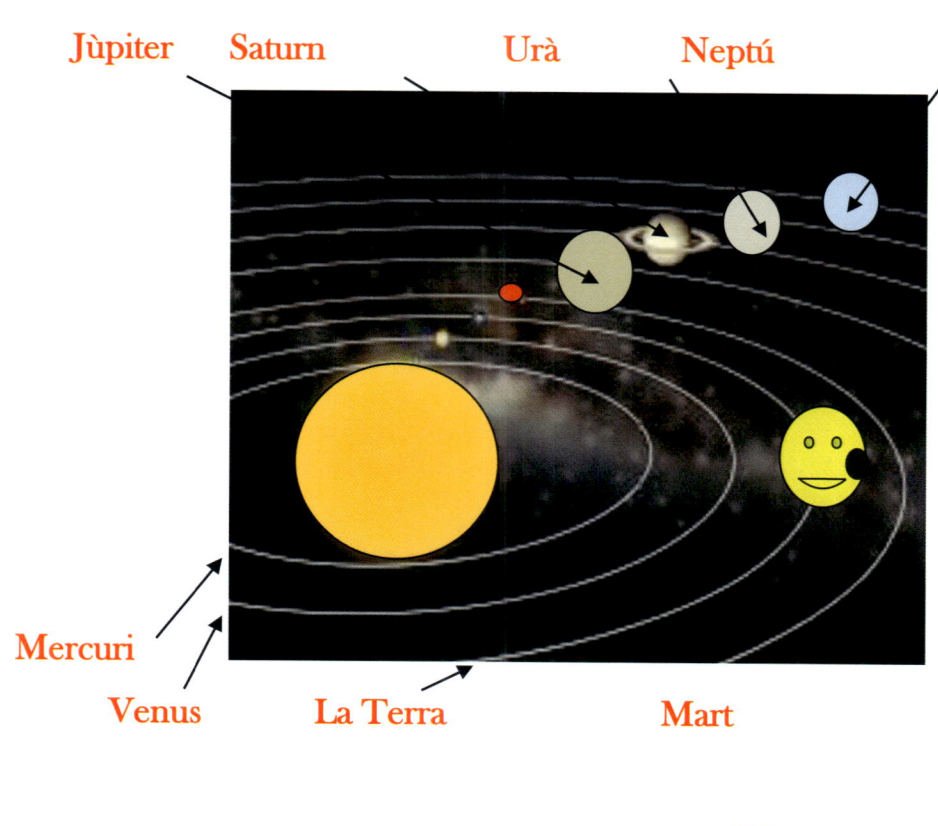

Jùpiter   Saturn   Urà   Neptú

Mercuri

Venus   La Terra   Mart

Quan em vaig acostar al Sol, vaig veure que no era gaire gran, ja que feia només una mica menys d'1,4 milions de quilòmetres. Quan vaig arribar a la seva superfície, li vaig prendre la temperatura i vaig veure que era d'uns 6.000 graus.

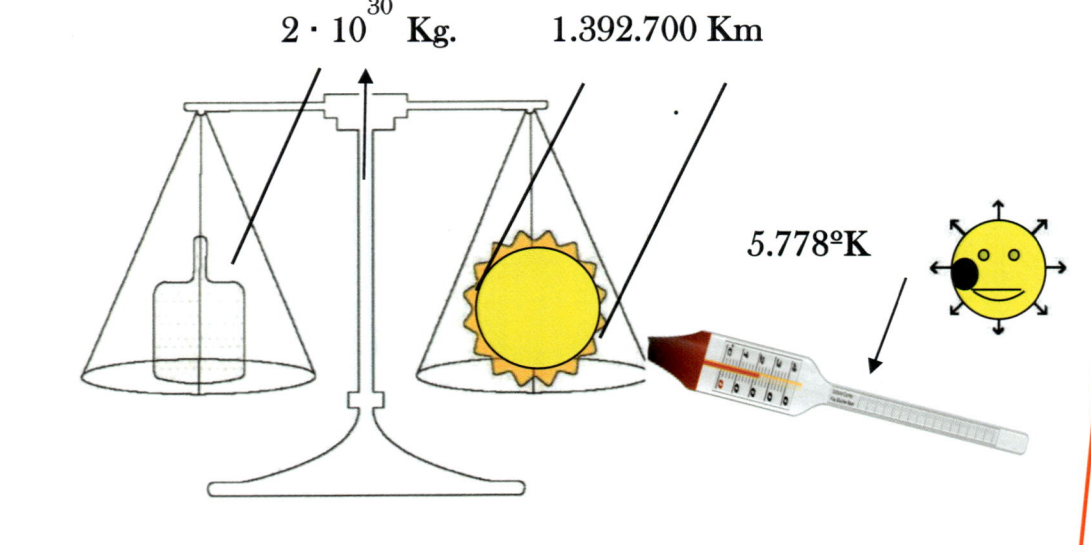

$2 \cdot 10^{30}$ Kg.　　　1.392.700 Km

5.778ºK

Cosmet prenent la temperatura al Sol, mentre l'està pesant

El Sol, com a estrella, no he vist que canviés gaire des de fa més de quatre mil milions d'anys. Ara sé que continuarà sent força estable durant cinc mil milions d'anys més, encara que anirà patint canvis importants fins a convertir-se en una estrella geganta vermella. Els savis pensen que el Sol es tornarà prou gran per engolir les òrbites actuals de Mercuri, Venus i possiblement la Terra.

No, no; no us espanteu massa, doncs, perquè passi això, encara falten uns 5.000 milions d'anys.

Un cop situat a la superfície del Sol, vaig decidir penetrar-hi i viatjar fins al seu centre. Conforme me'n vaig anar endinsant-hi, vaig poder anar veient que, fins a arribar-hi, travessava successives zones que eren com a capes esfèriques, totes elles amb diferent temperatura.

Quan vaig arribar a prop del seu centre, vaig prendre la temperatura i vaig veure que era, ni més ni menys, que de 15,5 milions de graus.

 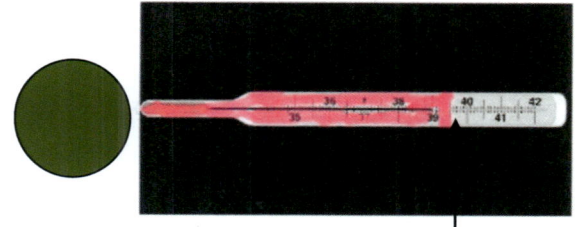

Des del centre del Sol vaig començar un viatge cap a fora, i vaig anar trobant les mateixes capes successives: les capes del sol.

Després de visitar el Sol m'he dedicat també a recórrer tots els seus planetes.

El que primer vaig visitar va ser Mercuri, que és el planeta del sistema solar més proper al Sol i el més petit del sistema.

Venus, que és el següent planeta que vaig trobar a partir del Sol, és a uns 100 milions de quilòmetres del mateix.

La Terra és el planeta que més em va agradar, i per això me'n vaig anar a viure allà. La distància mitjana del Sol a la Terra és aproximadament de 150 milions de quilòmetres. Vaig observar que la seva llum recorre aquesta distància en 8 minuts i 20 segons.

Mart està situat a uns 230 milions de quilòmetres del sol i es veu de color vermell

Júpiter. Situat a uns 780 milions de quilòmetres del sol. Té un sistema de satèl·lits que abasta un radi de fins a 50 milions de quilòmetres.

Composició comparant les mides amb la mida de Júpiter. En ordre descendent, són Ío, Europa, Ganímedes i Calisto. Viquipèdia D.P.

Saturn. Situat a 780 milions de quilòmetres. L'aspecte més característic que vaig observar a Saturn són els seus anells brillants.

Cosmet recorrent els anells de Saturn

Imatge de Pixabay

COSMET VIATJANT PER L'UNIVERS PROPER

Us explicaré els meus viatges per la nostra galàxia, la Via Làctia, que és la galàxia que conté el sistema solar.

Us recordo l'estructura de la Via Làctia tal com jo l'he vist.

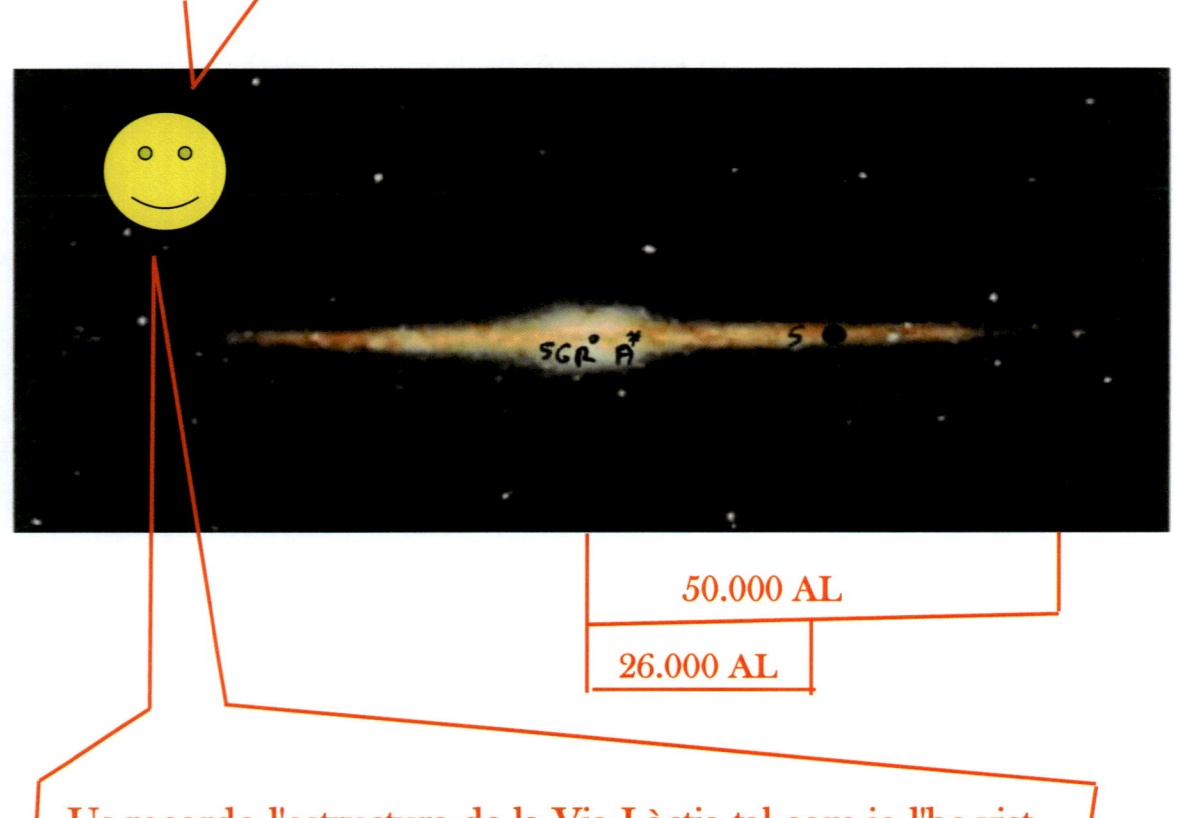

50.000 AL

26.000 AL

Tal com jo he vist la Via Làctica mirant des de fora, el primer que m'ha cridat l'atenció és un immens disc espiral, els braços del qual es recaragolen al voltant d'una massa estel·lar central.

Pixabay/ Àlbum

A la Via Làctia, hi ha més de cent mil milions d'estrelles que acompanyen el Sol. Quan les he pesat, una a una, i he sumat els resultats obtinguts, he vist que globalitzen una massa en ordre de magnitud de 1.000 milions de masses solars.

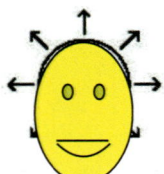

La segona zona ja més llunyana que he visitat correspon al que ara anomenen el supercúmul de Virgo, que arriba fins a 50 milions d'anys llum.

COSMET VIATJANT PELS FORATS DE CUC

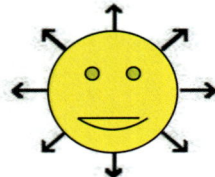

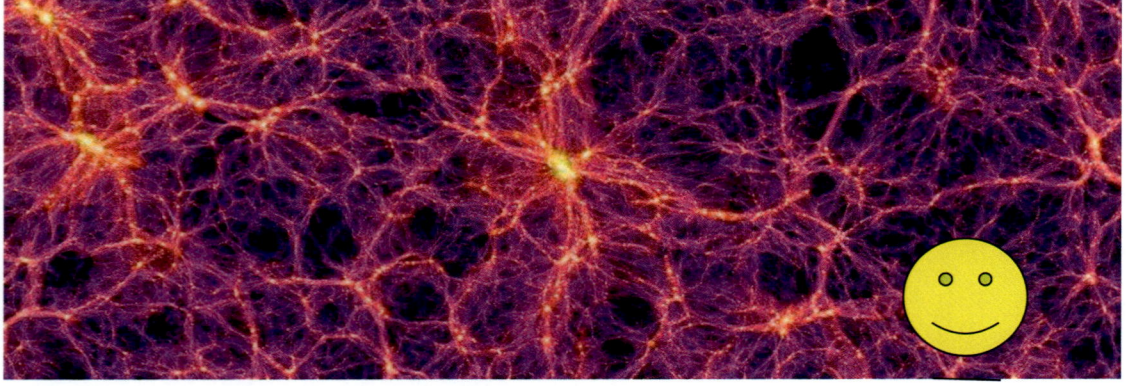

Filaments formats per milions de galàxies individuals.

En aquest setè dia de confinament us explicaré tot el que he vist sense desplaçar-me a més d'una distància de 250 milions d'anys llum.

Ja us vaig dir, que a tots els objectes còsmics de tota mena que hi ha fins a una distància de 100 milions d'anys llum, he viatjat directament a gairebé tots sense sortir-me del nostre univers. Tot i això, els viatges a més de 100 MAL, m'han semblat sempre massa llargs i, per accedir a les diferents galàxies, he utilitzat els forats negres i els forats de cuc com a dreceres.

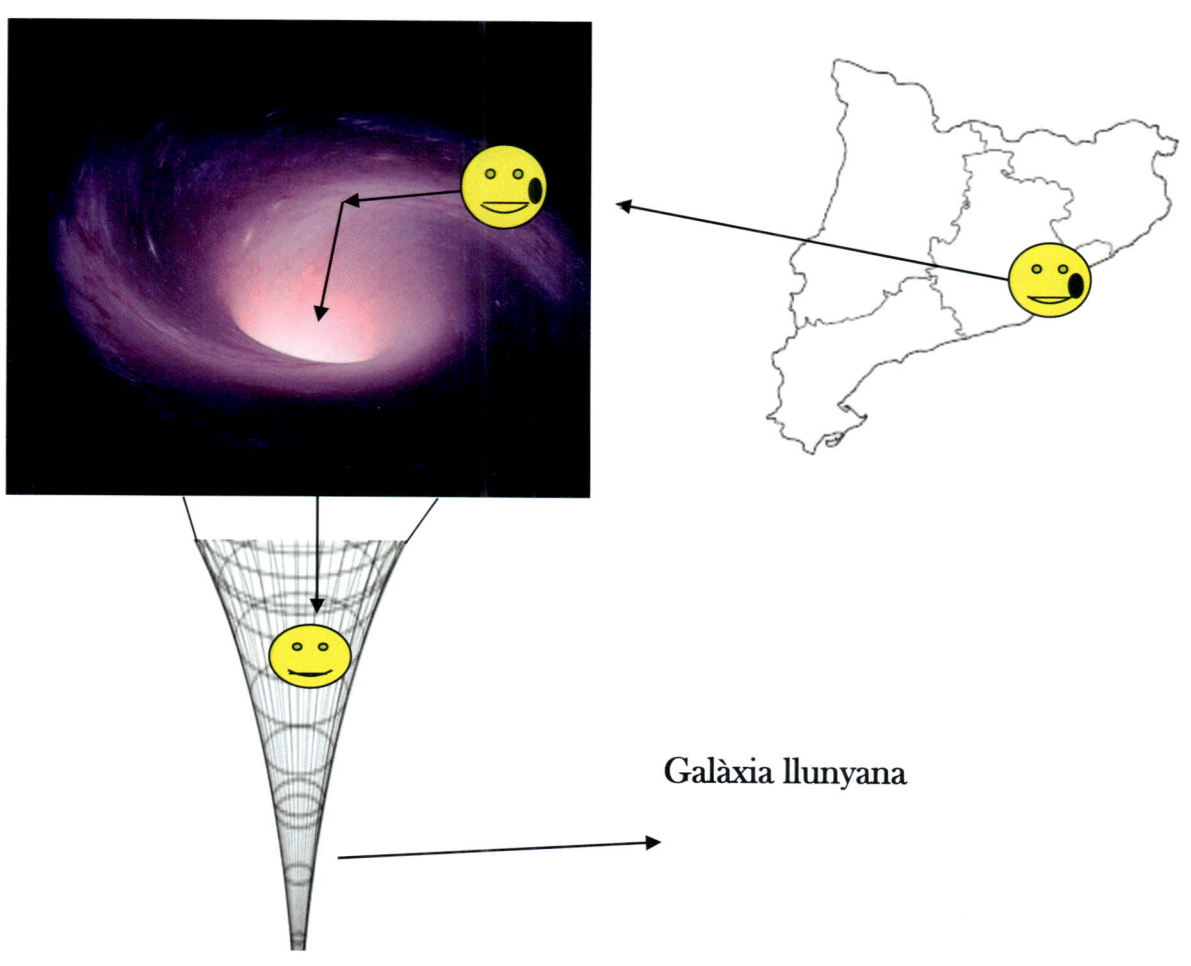

Galàxia llunyana

Conforme vaig anar viatjant a distancies cada vegada més llunyanes vaig anar veient que les galàxies no estaven escampades a l'atzar, sinó que tendien a acumular-se en grups formats per diversos centenars de galàxies grans, acompanyades de milers de galàxies més petites.

Aquests grups, alhora, es trobaven units de diferents maneres formant una xarxa de filaments còsmics.

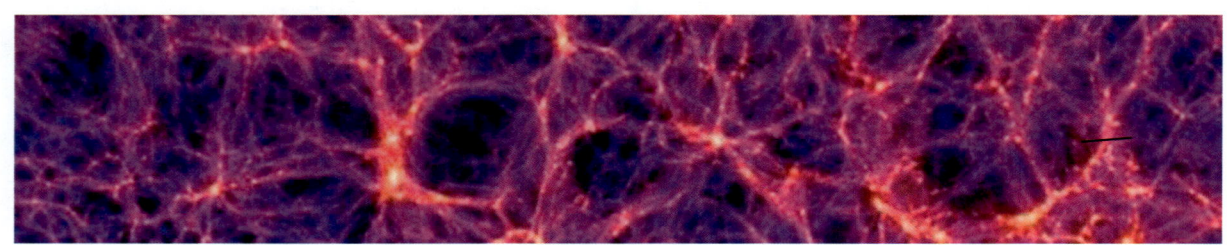

Passo a descriure-us totes aquestes grans estructures còsmiques, tal com jo les he vist:

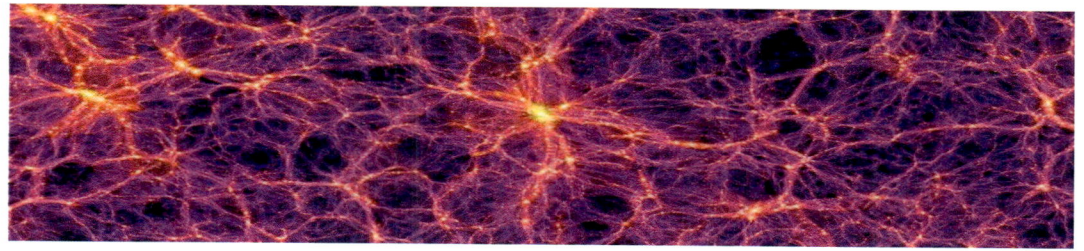

Filaments galàctics. Les seves dimensions longitudinals son sempre molt més grans que les transversals. Formen estructures allargades com si fossin una mena de gran soga formada per grups de galàxies que romanen unides pels seus efectes gravitatoris.

Grans muralles

Són estructures similars als filaments, però molt més àmplies i molt més planes. Les he vistes de fins a una dimensió aproximada de 1.800 milions d'anys llum.

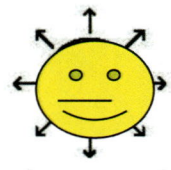

Recentment, he viatjat a objectes còsmics situats a una distància de més dels 30.000 milions d'anys llum, a prop del límit de l'univers observable, on he pogut veure matèria. Els he trobat fins a 34.000 milions d'anys llum, distància que és, per tant, el radi de l'univers amb matèria.

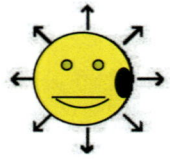

Els objectes còsmics més llunyans els he vist a una distància espacial de poc més dels 32.000 MAL, i a una distància en el temps més gran dels 13.000 milions d'anys.

Bé, ja hem passat el nostre vuitè dia de confinament.

 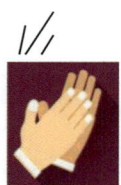 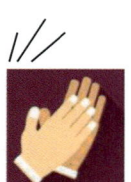 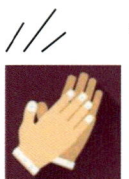

Aplaudiments

L'ATLES DELS VIATGES DE COSMET

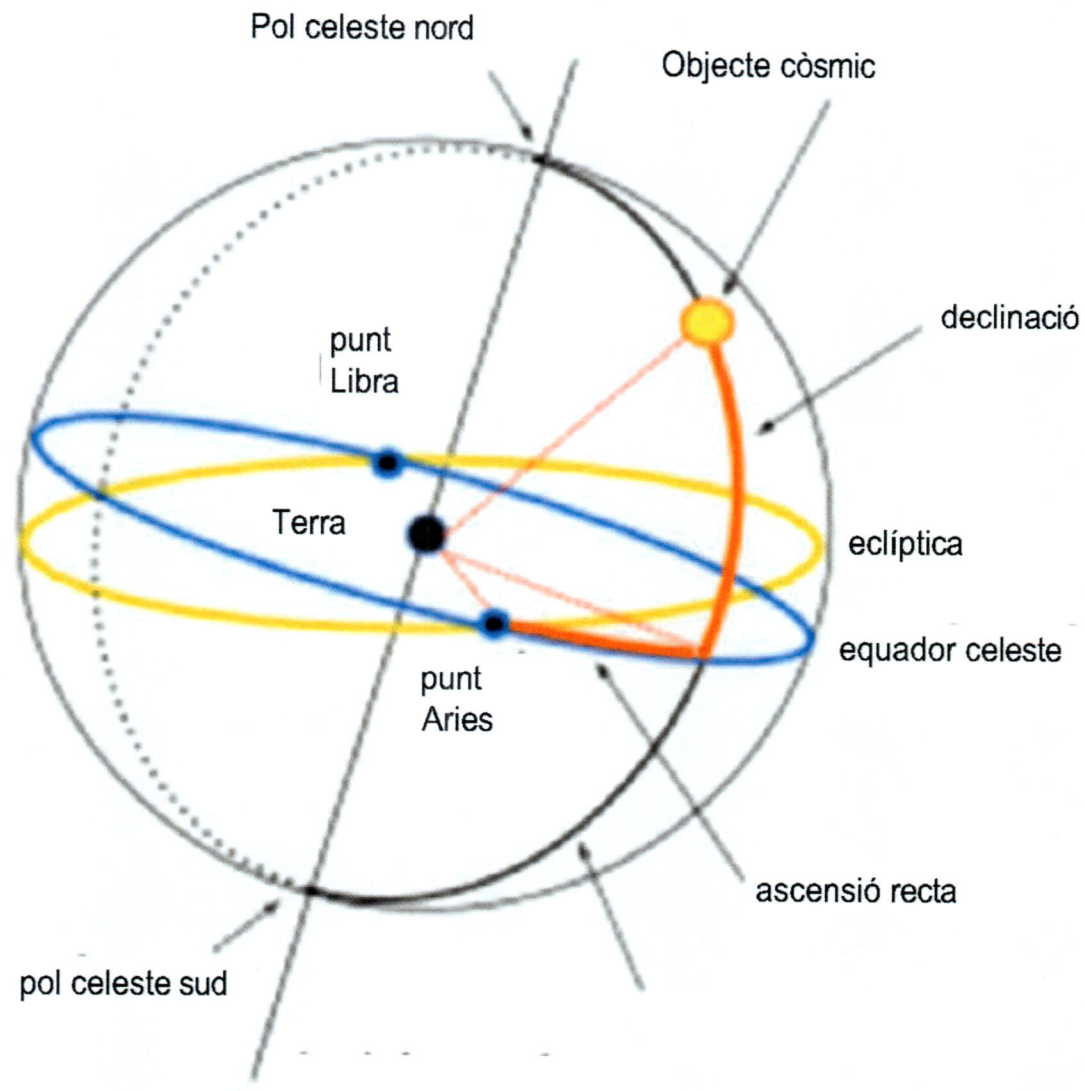

Als següents mapes de detall corresponents a cada constel·lació, el meu amic ha situat les estrelles i altres objectes còsmics relativament propers, que he visitat viatjant per l'univers, fins a uns 100 milions d'anys llum.

Us adjunto plànols de detall d'alguns dels viatges de Cosmet, amb els objectes còsmics més importants.

VISTA DE LES 88 CONSTEL·LACIONS

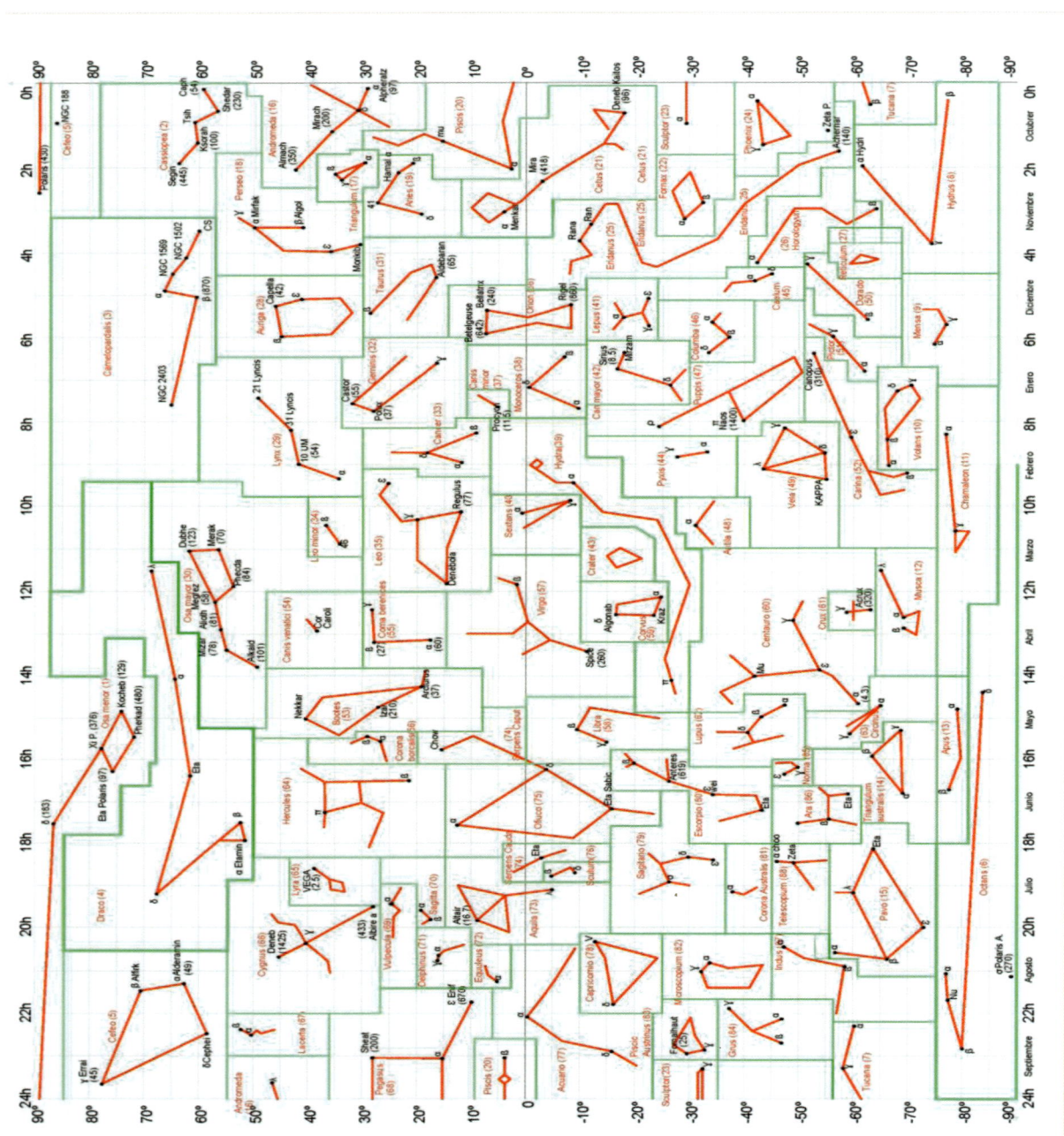

SI EN UNA NIT ESTRELLADA MIREU EL CEL, EN
PODREU VISLUMBRAR ALGUNES

SIMBOLOGIA

Estrelles nanes vermelles

Estrelles carabassa

Estrelles grogues

Estrelles blanques

Estrelles blaves

Gegants vermelles

Estrelles de neutrons

Forats negres

Cúmuls oberts

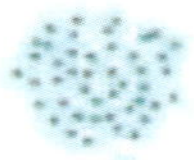

Cúmuls globulars

Nebuloses

Galàxies el·líptiques o esferoidals

Galàxies espirals

OSSA MENOR

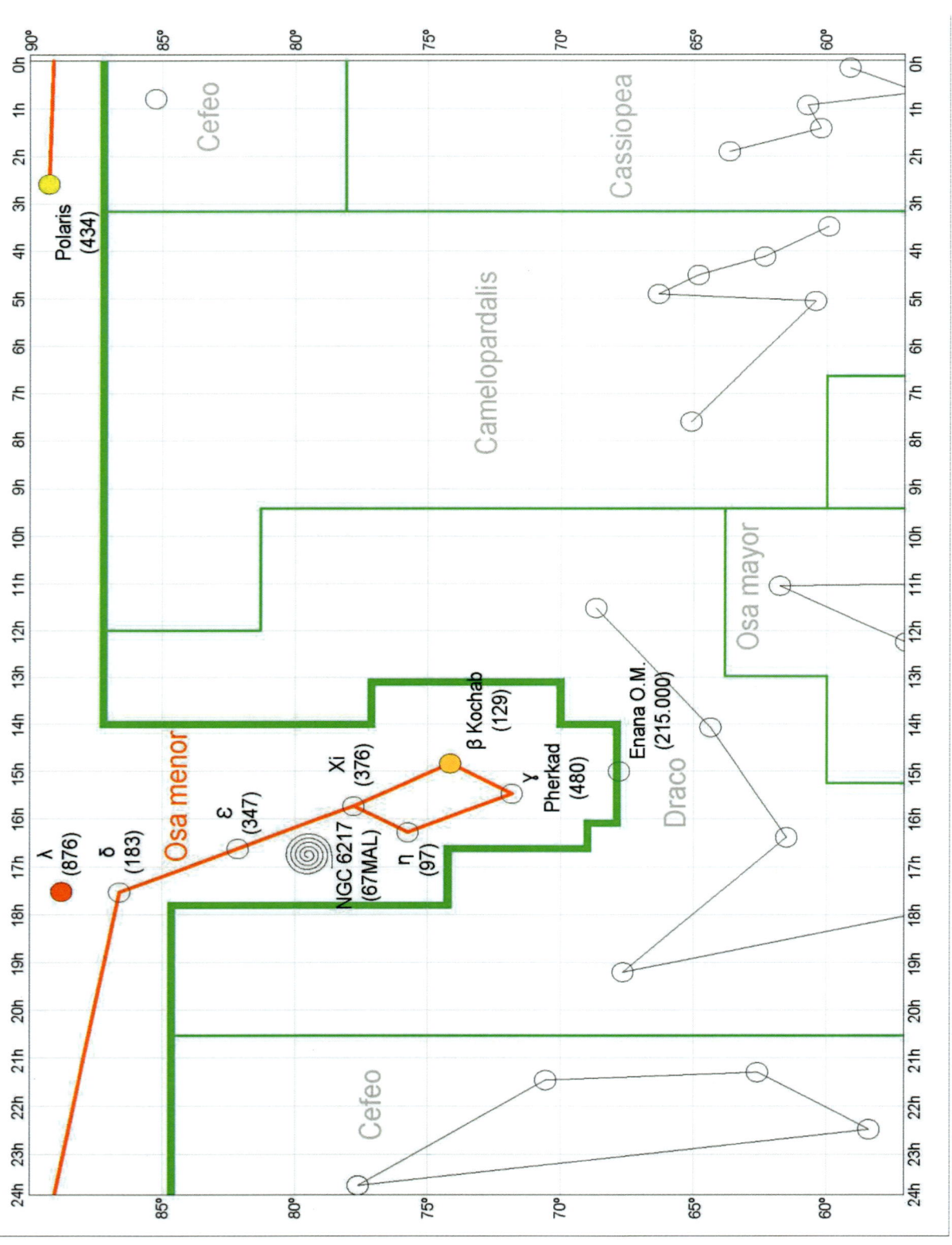

OSSA MAJOR

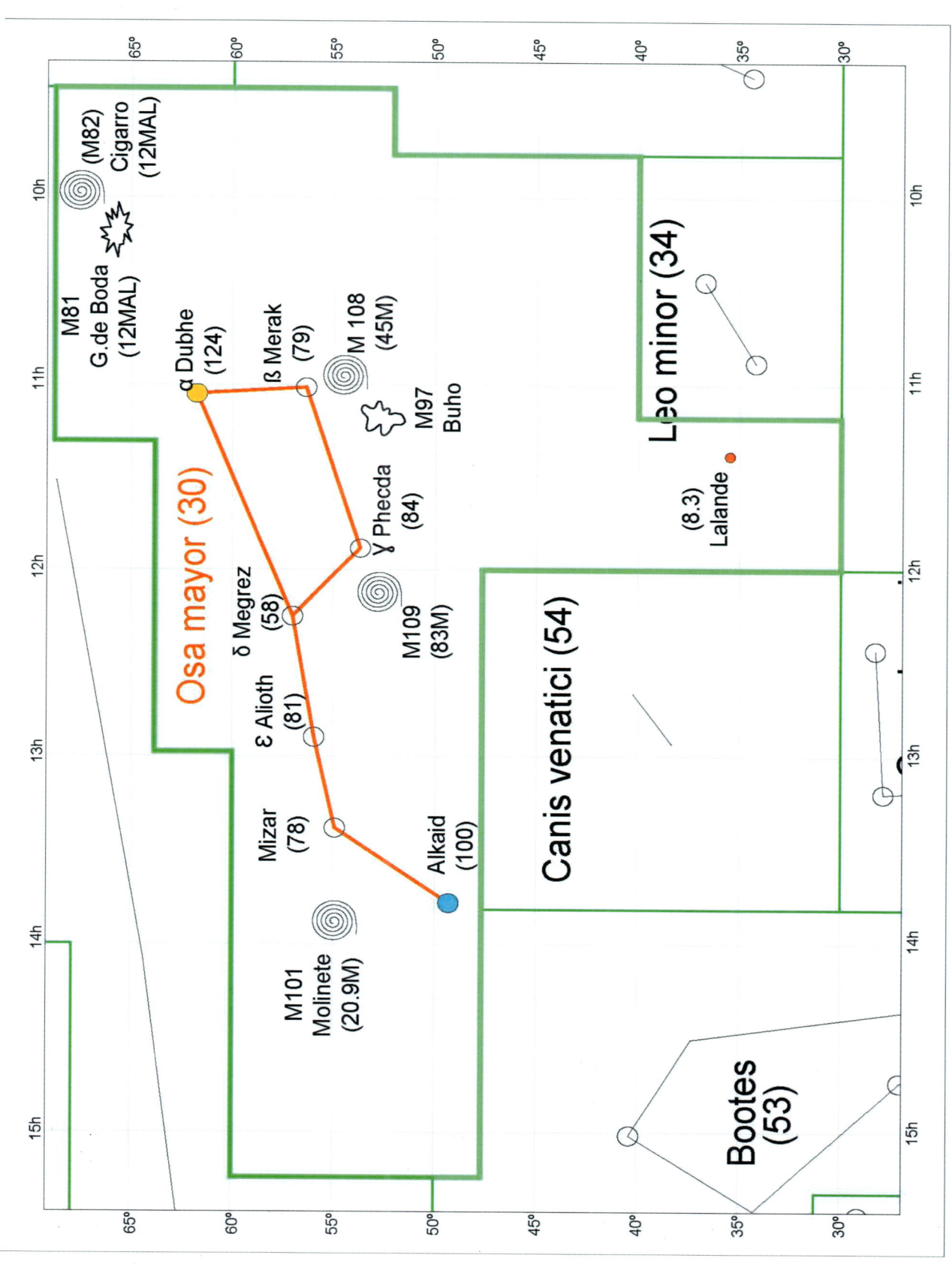

Osa mayor (30)

M81
G.de Boda (12MAL)

(M82)
Cigarro (12MAL)

α Dubhe (124)

ß Merak (79)

M 108 (45M)

M97 Buho

γ Phecda (84)

δ Megrez (58)

M109 (83M)

ε Alioth (81)

Mizar (78)

Alkaid (100)

M101 Molinete (20.9M)

Leo minor (34)

(8.3) Lalande

Canis venatici (54)

Bootes (53)

CASSIOPEIA

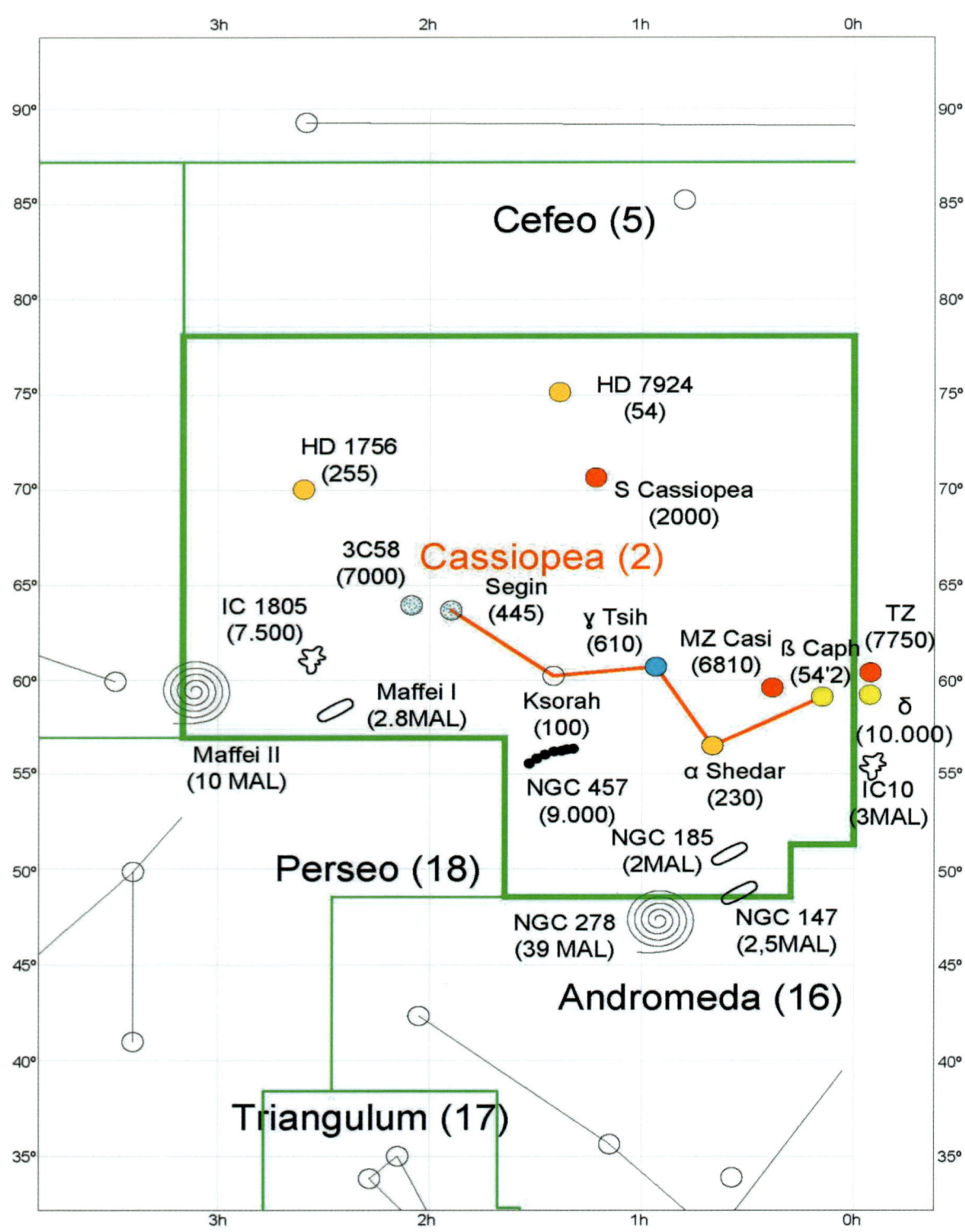

ANDRÓMEDA

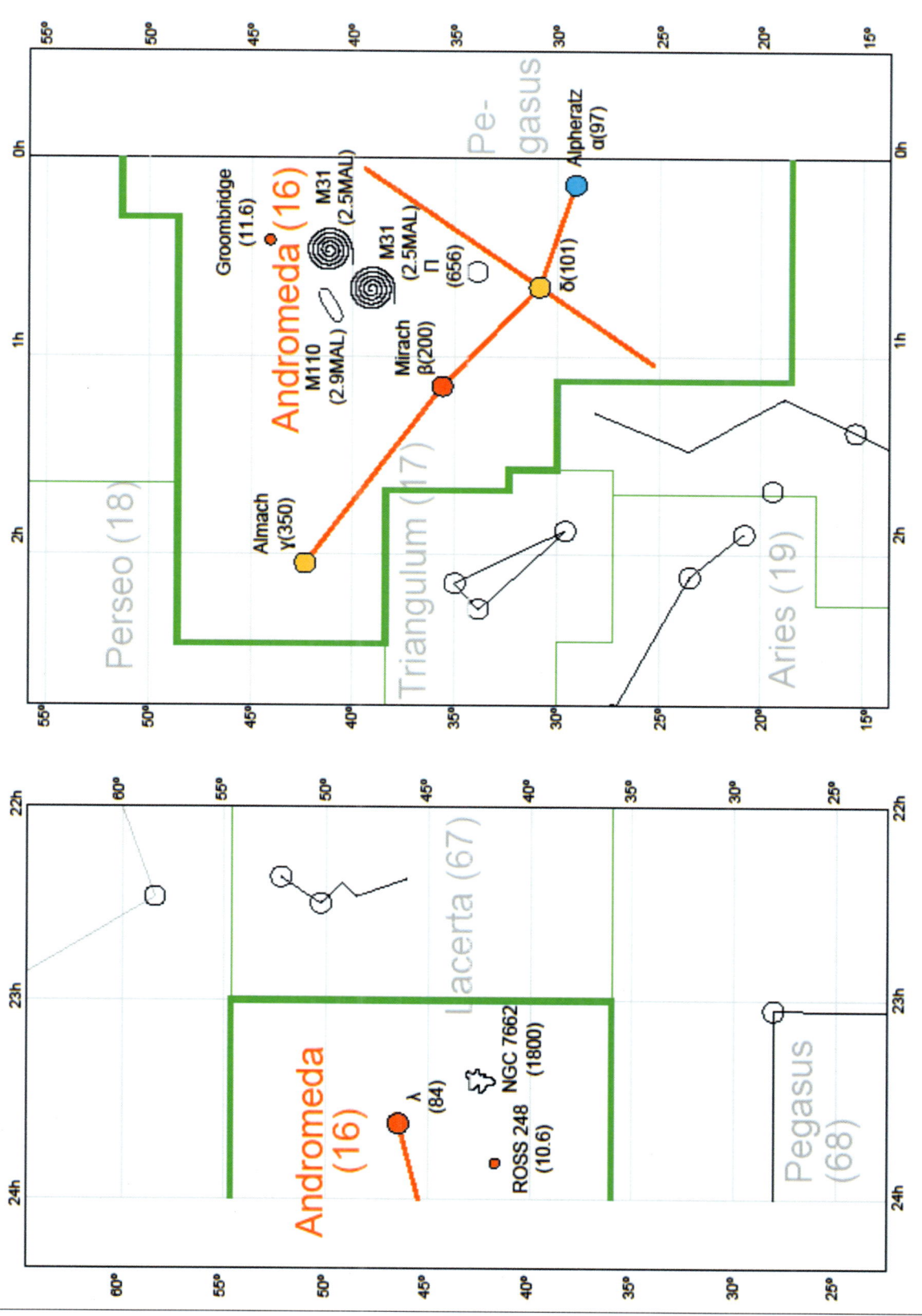

ARIES

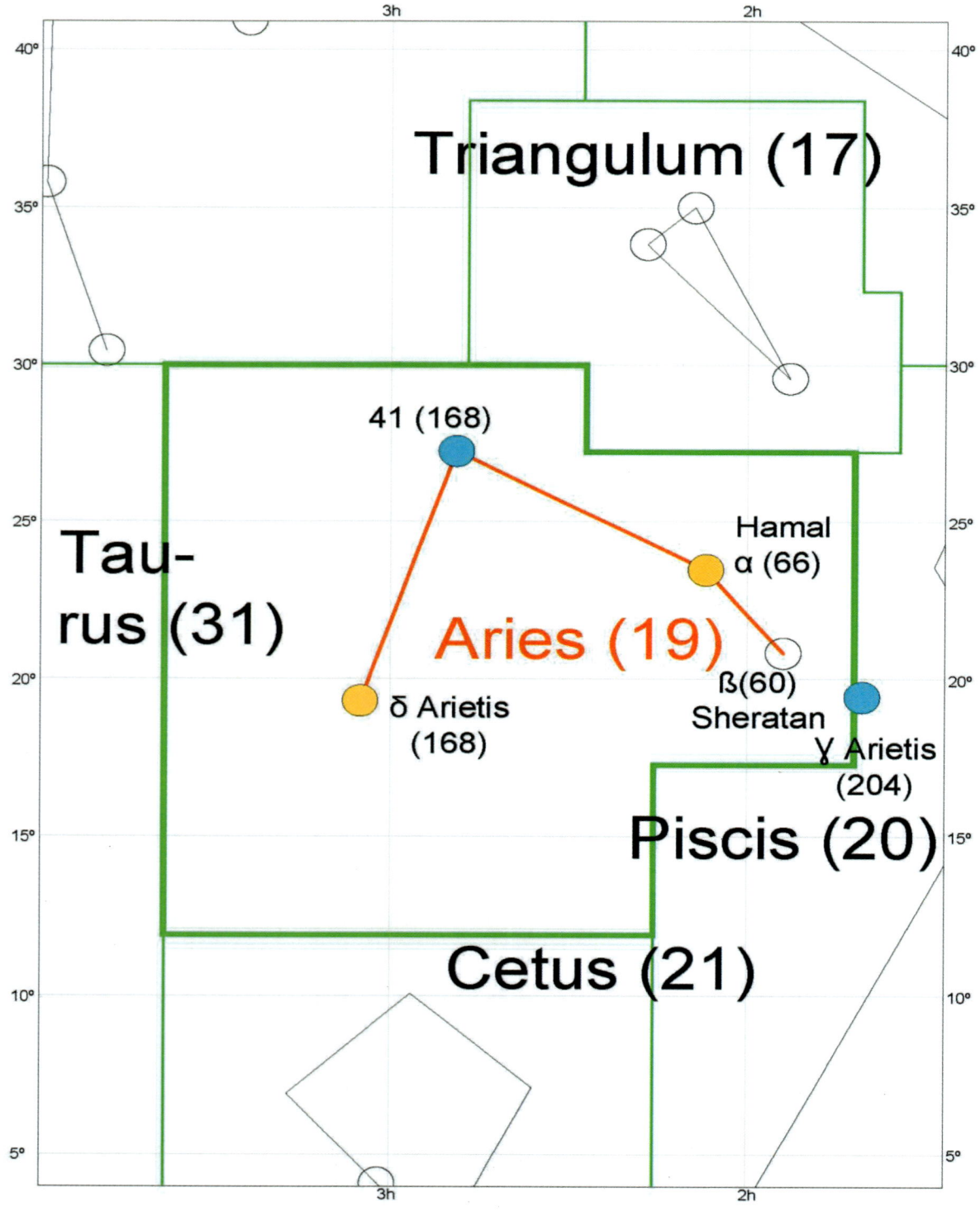

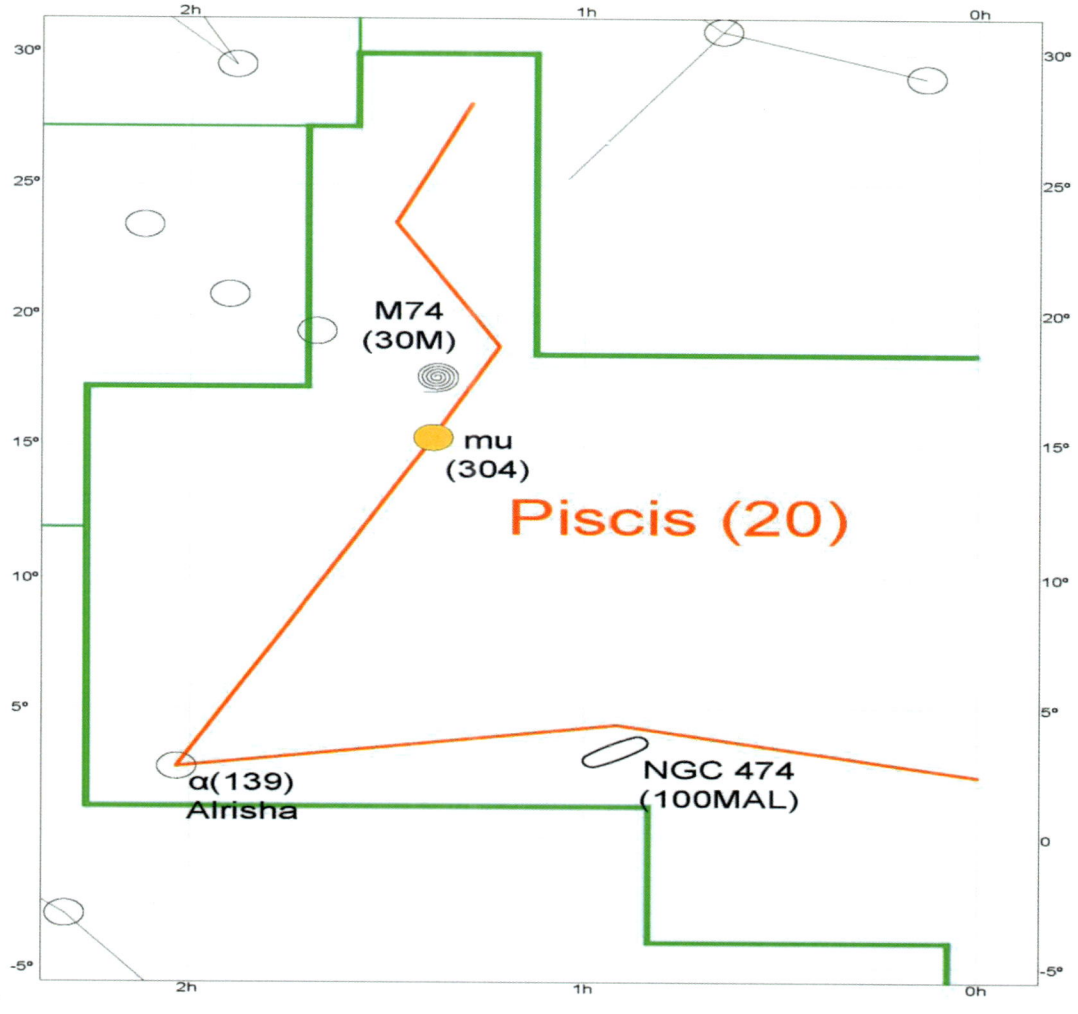

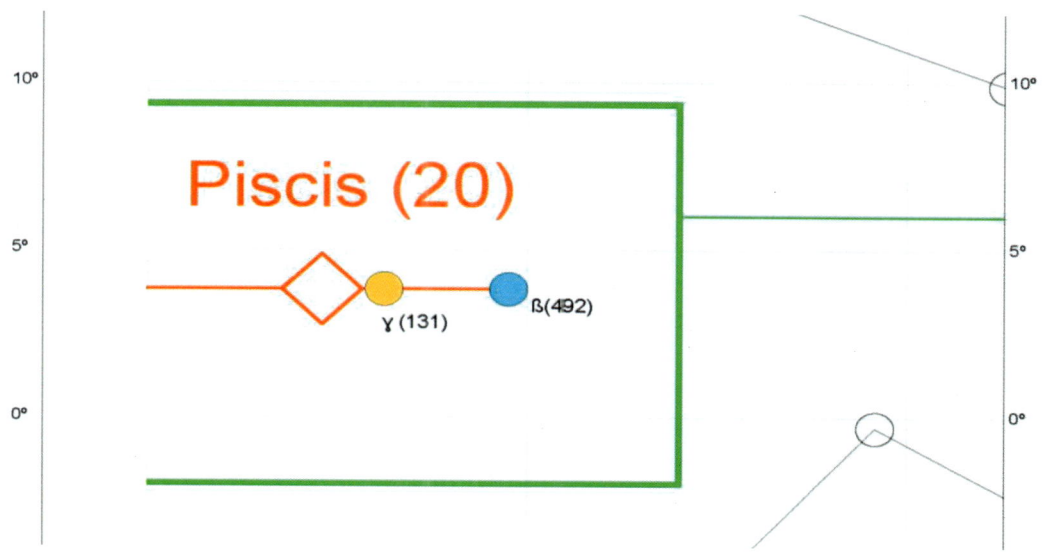

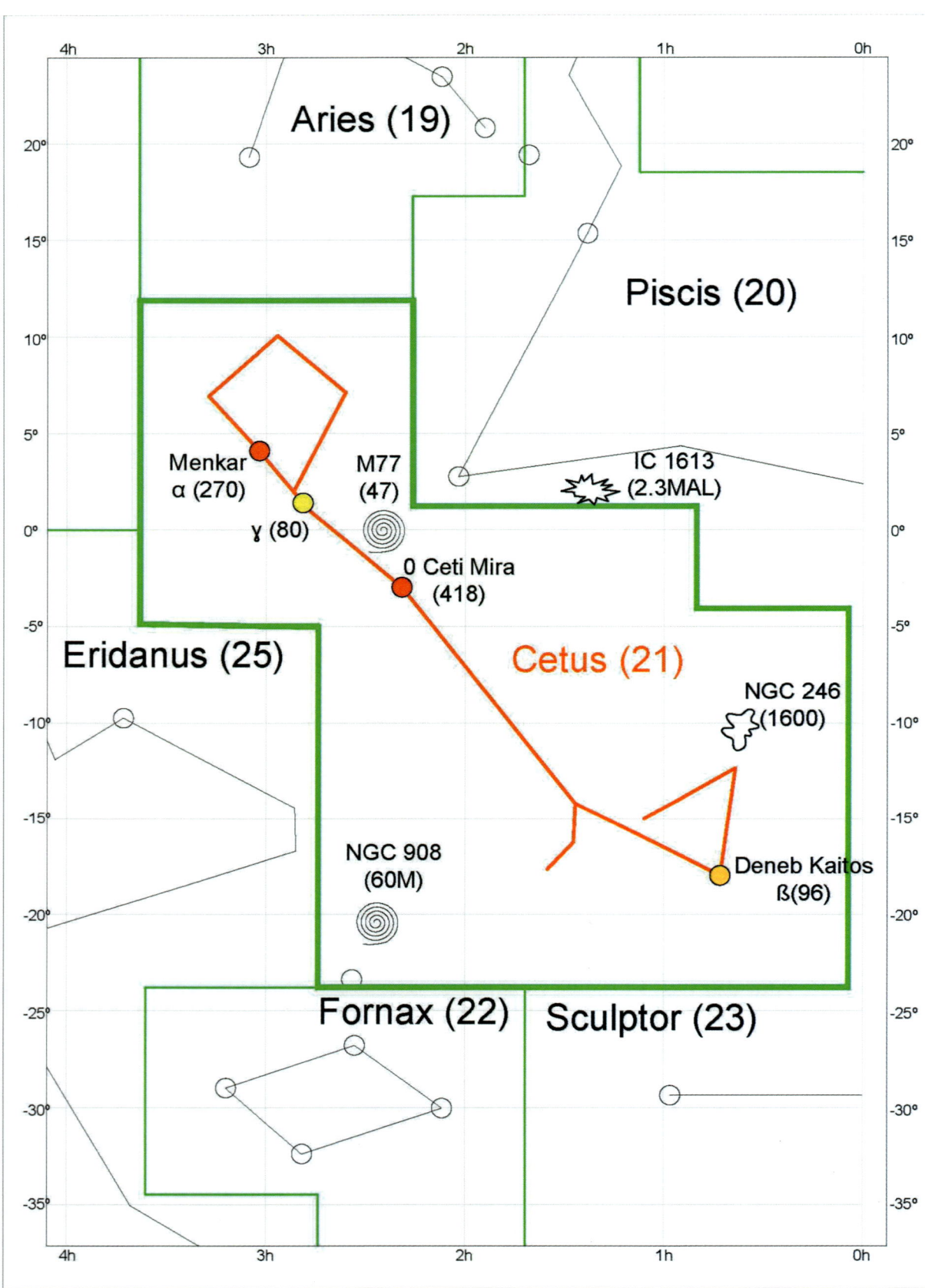

Aries (19)

Piscis (20)

Menkar
α (270)

M77
(47)

γ (80)

IC 1613
(2.3MAL)

0 Ceti Mira
(418)

Eridanus (25)

Cetus (21)

NGC 246
(1600)

NGC 908
(60M)

Deneb Kaitos
ß(96)

Fornax (22)

Sculptor (23)

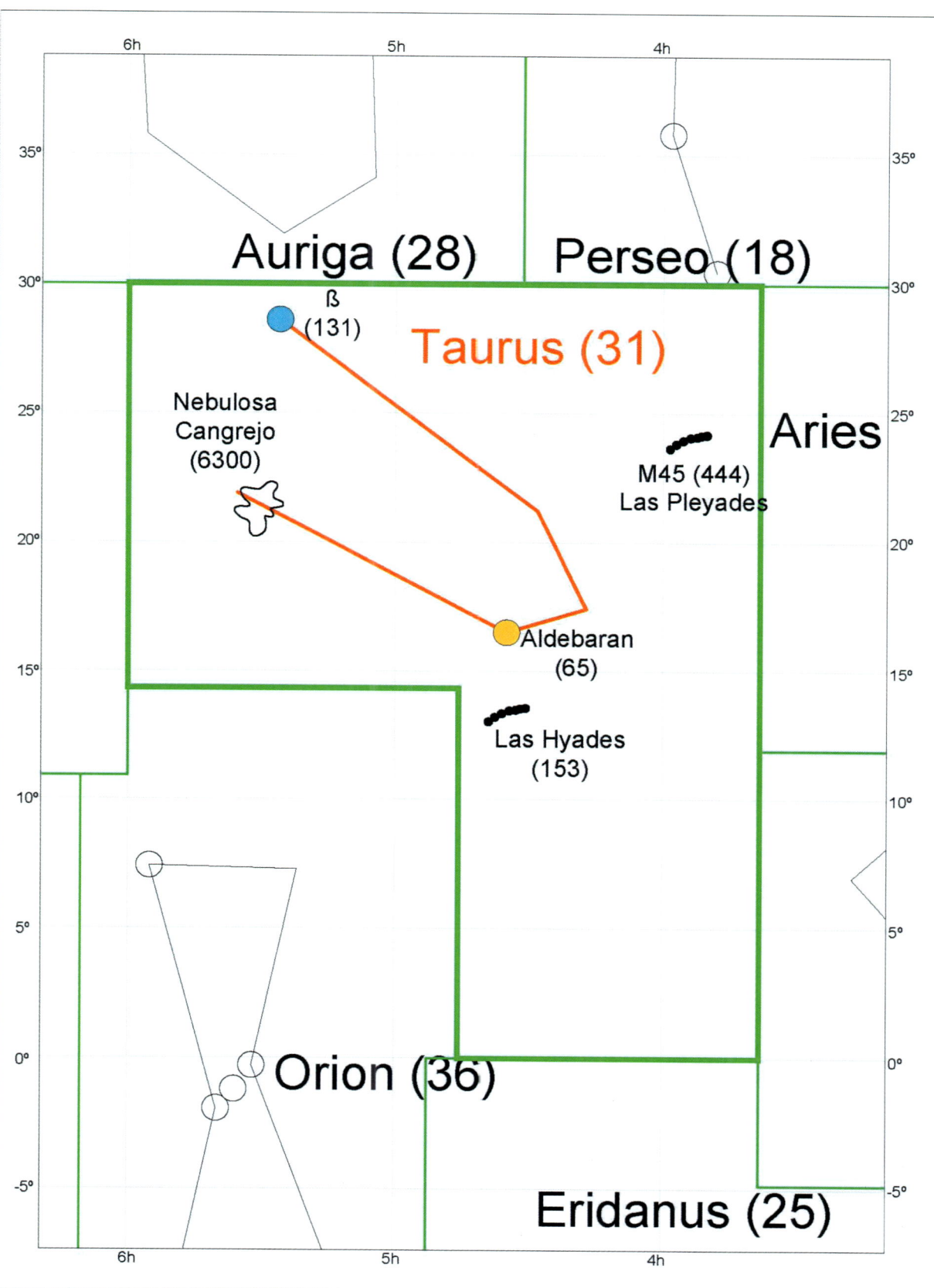

Auriga (28)

Perseo (18)

Taurus (31)

ß
(131)

Aries

Nebulosa
Cangrejo
(6300)

M45 (444)
Las Pleyades

Aldebaran
(65)

Las Hyades
(153)

Orion (36)

Eridanus (25)

6h   5h   4h

35°   35°

30°   30°

25°   25°

20°   20°

15°   15°

10°   10°

5°   5°

0°   0°

-5°   -5°

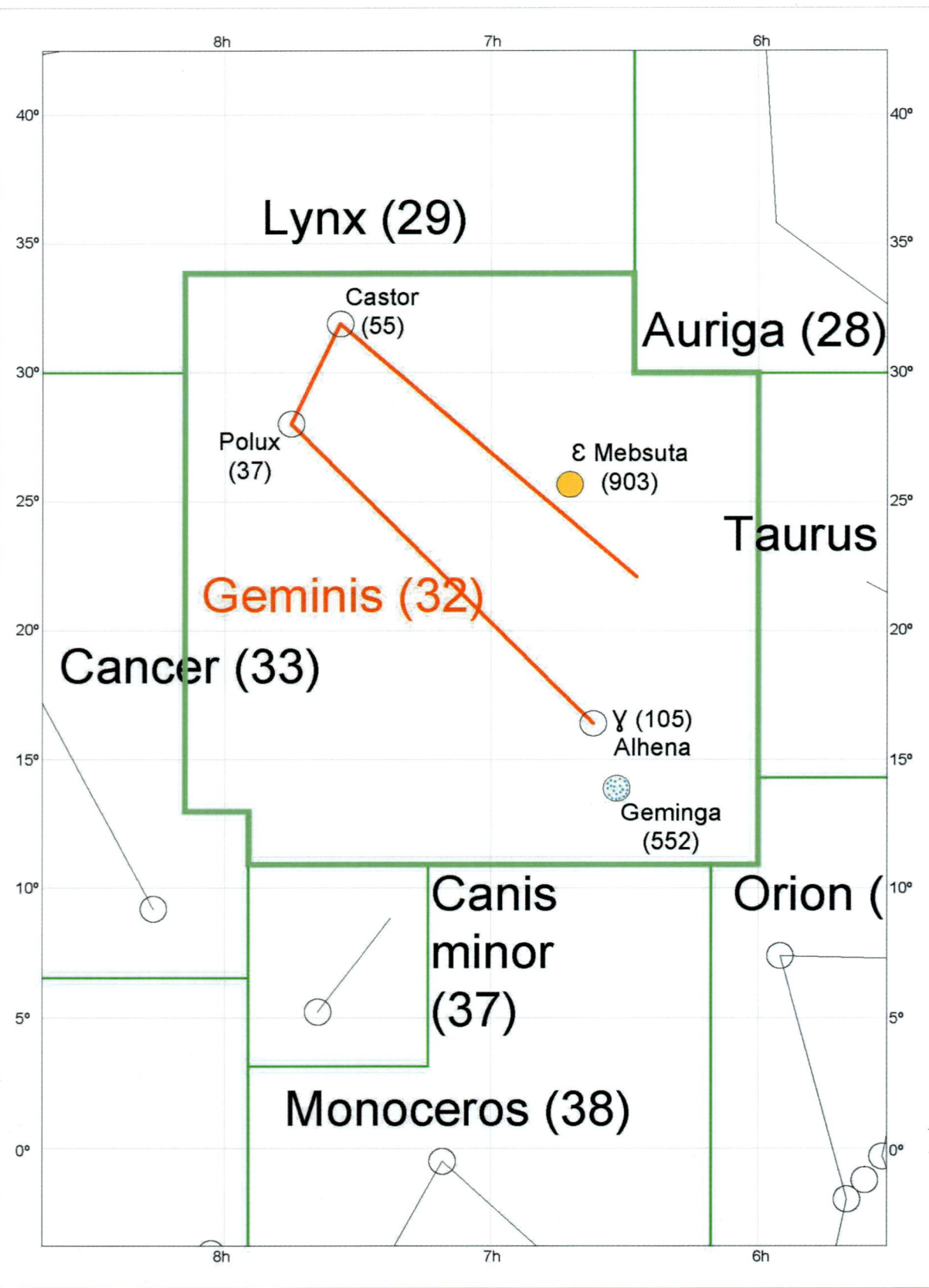

Lynx (29)

Castor (55)

Auriga (28)

Polux (37)

ε Mebsuta (903)

Taurus

Geminis (32)

Cancer (33)

γ (105)
Alhena

Geminga (552)

Canis minor (37)

Orion (

Monoceros (38)

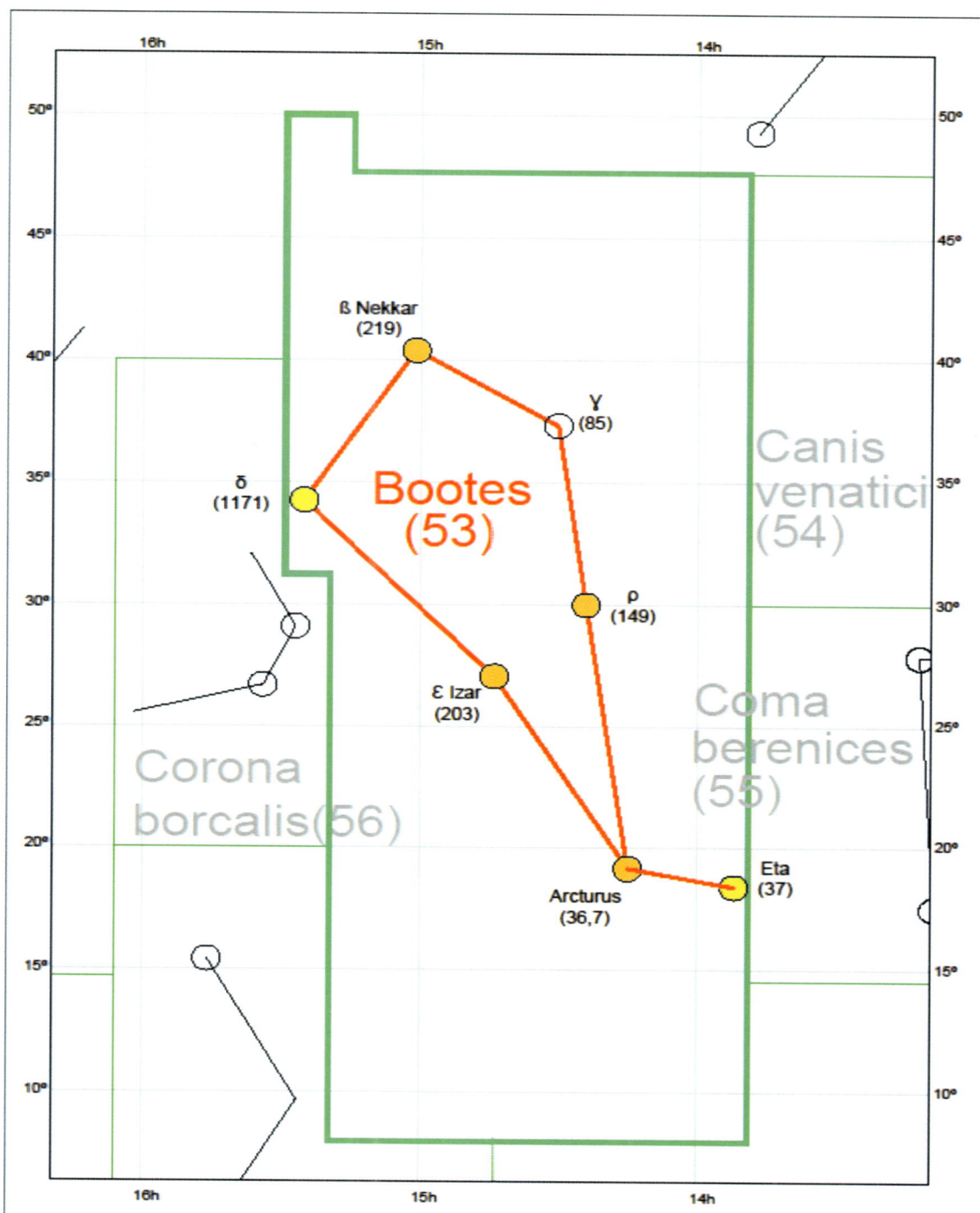

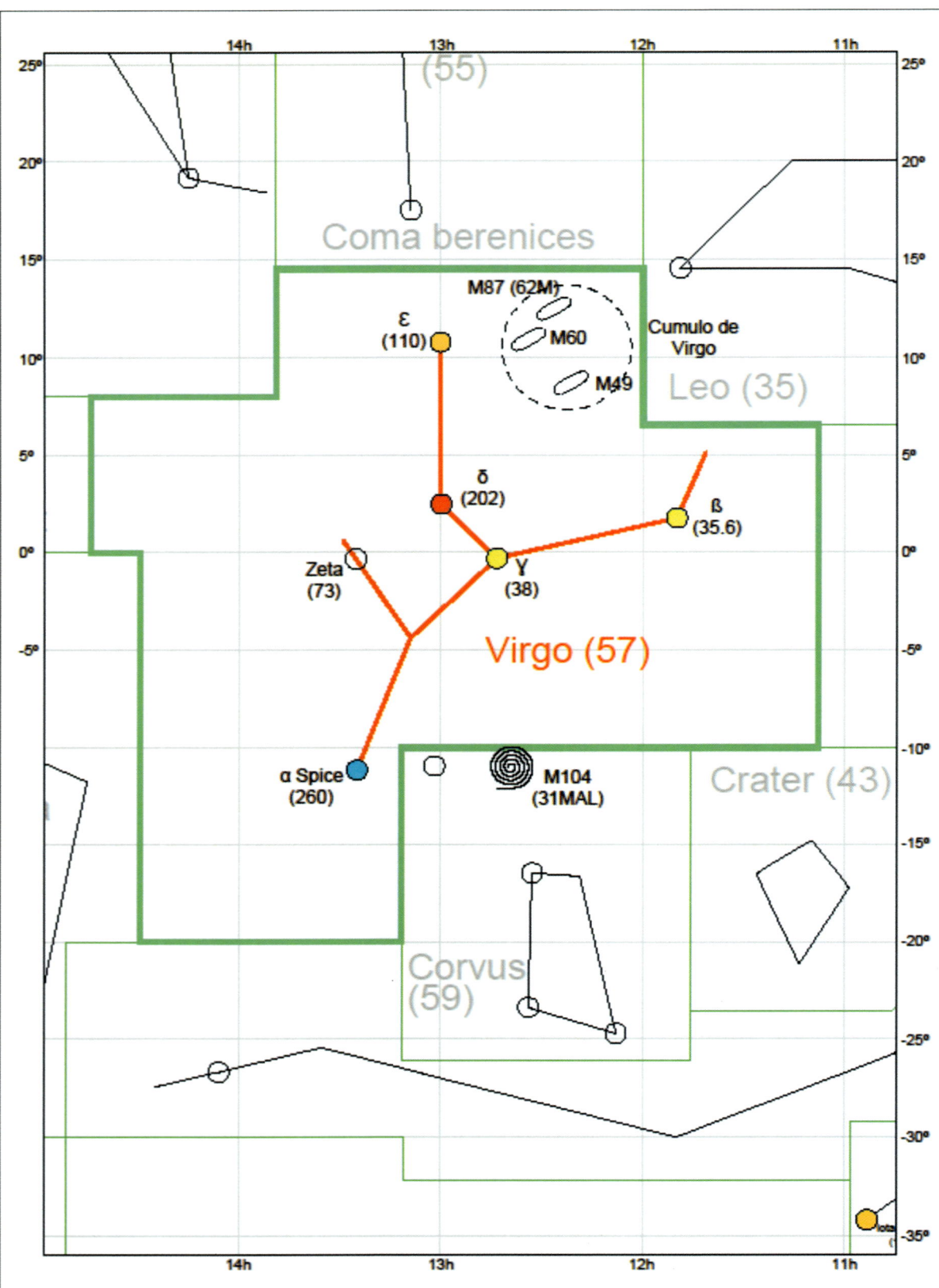

Coma berenices

(55)

M87 (62M)

ε
(110)

M60

Cumulo de
Virgo

M49

Leo (35)

δ
(202)

ß
(35.6)

Zeta
(73)

γ
(38)

Virgo (57)

α Spice
(260)

M104
(31MAL)

Crater (43)

Corvus
(59)

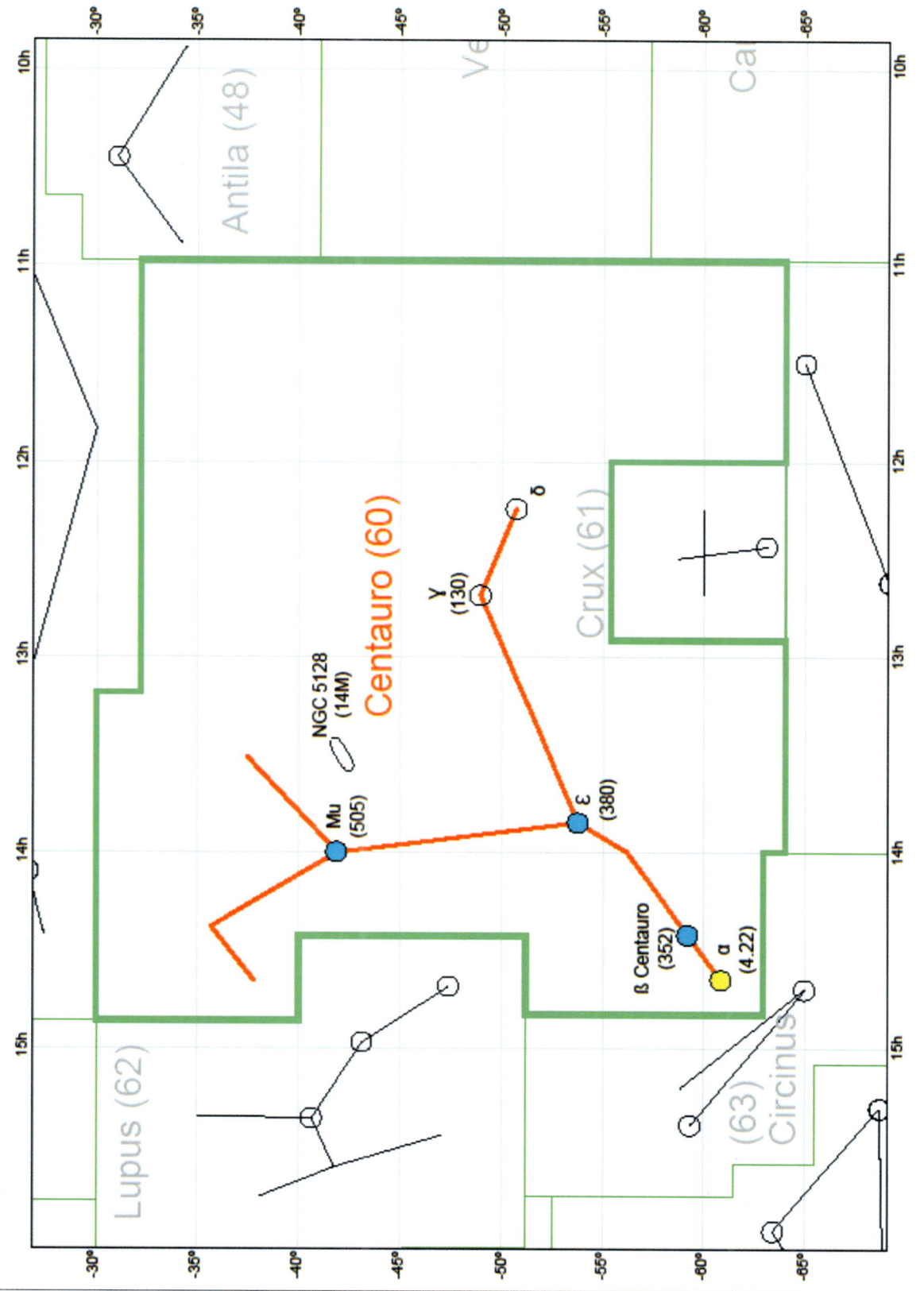

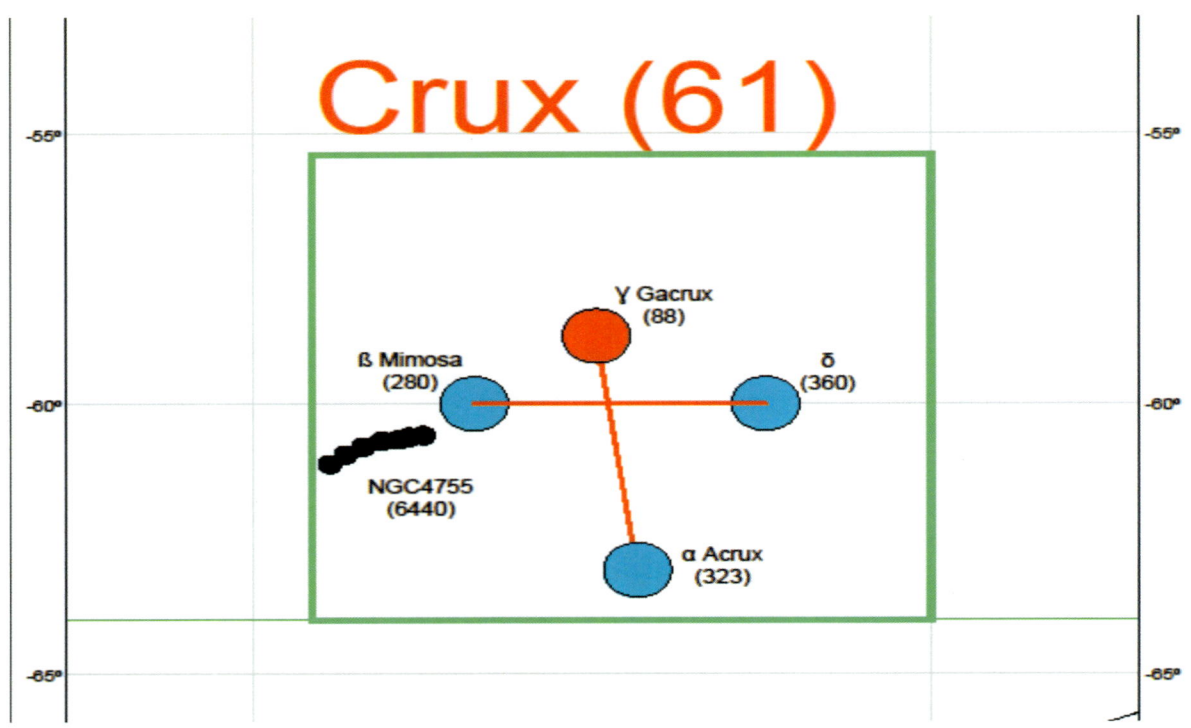

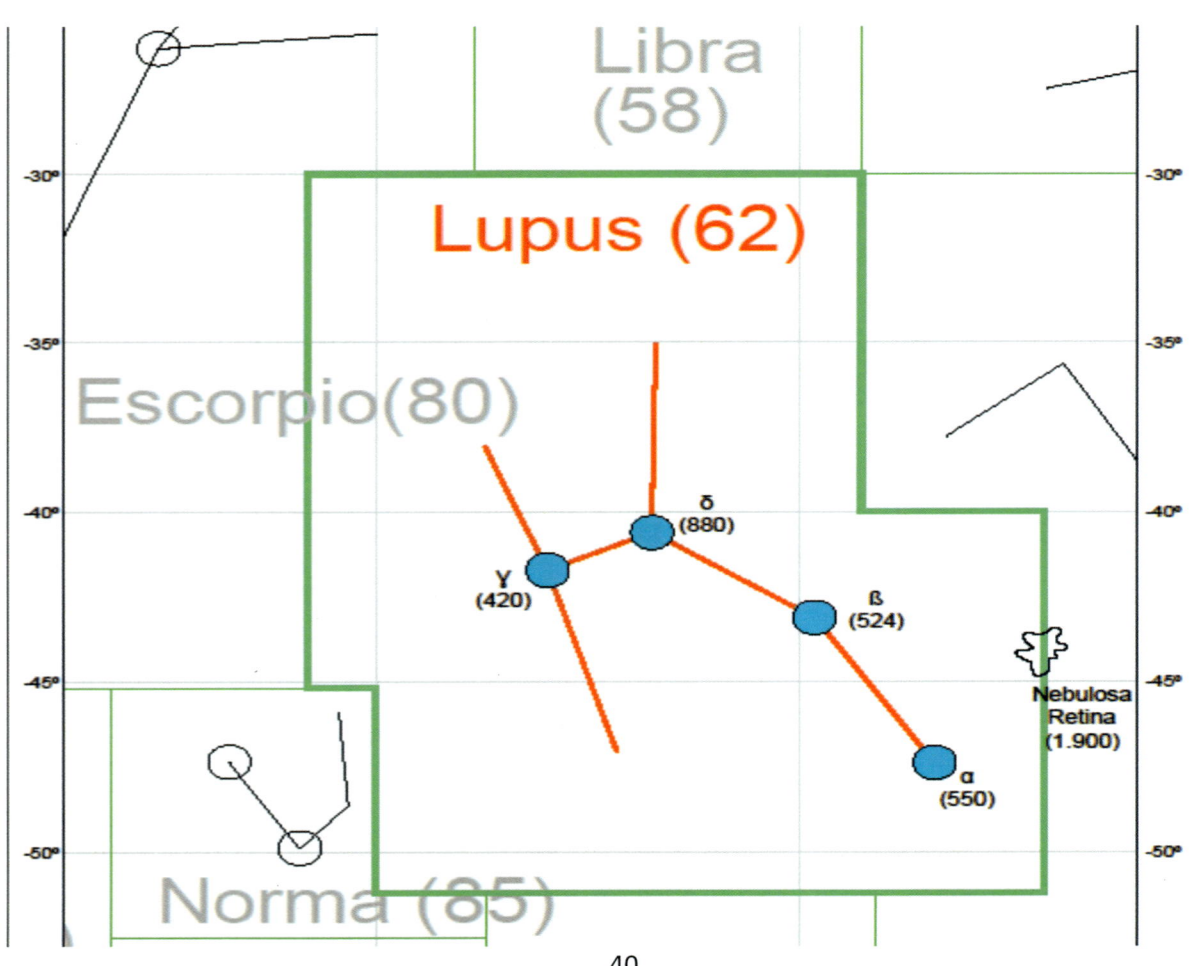

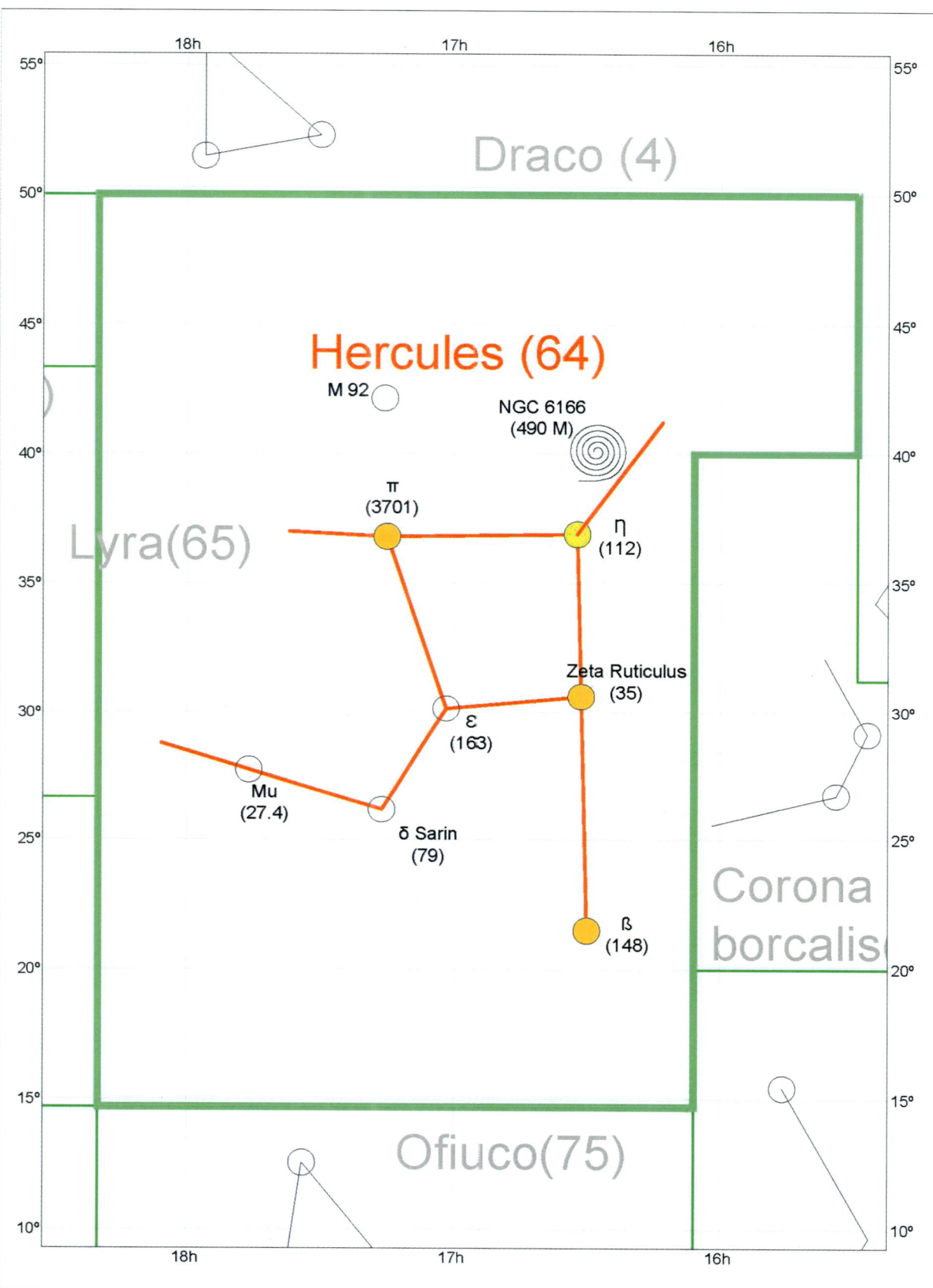

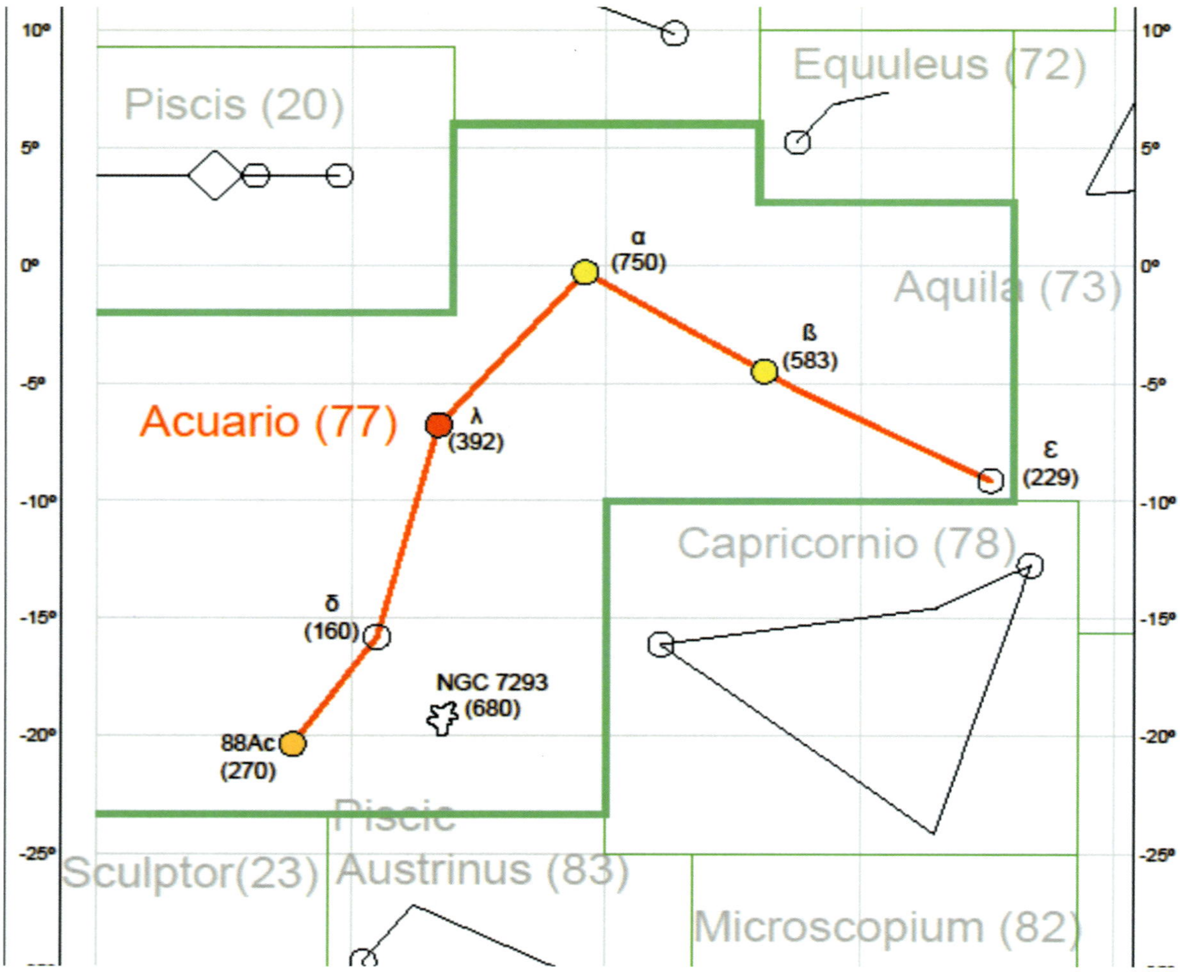

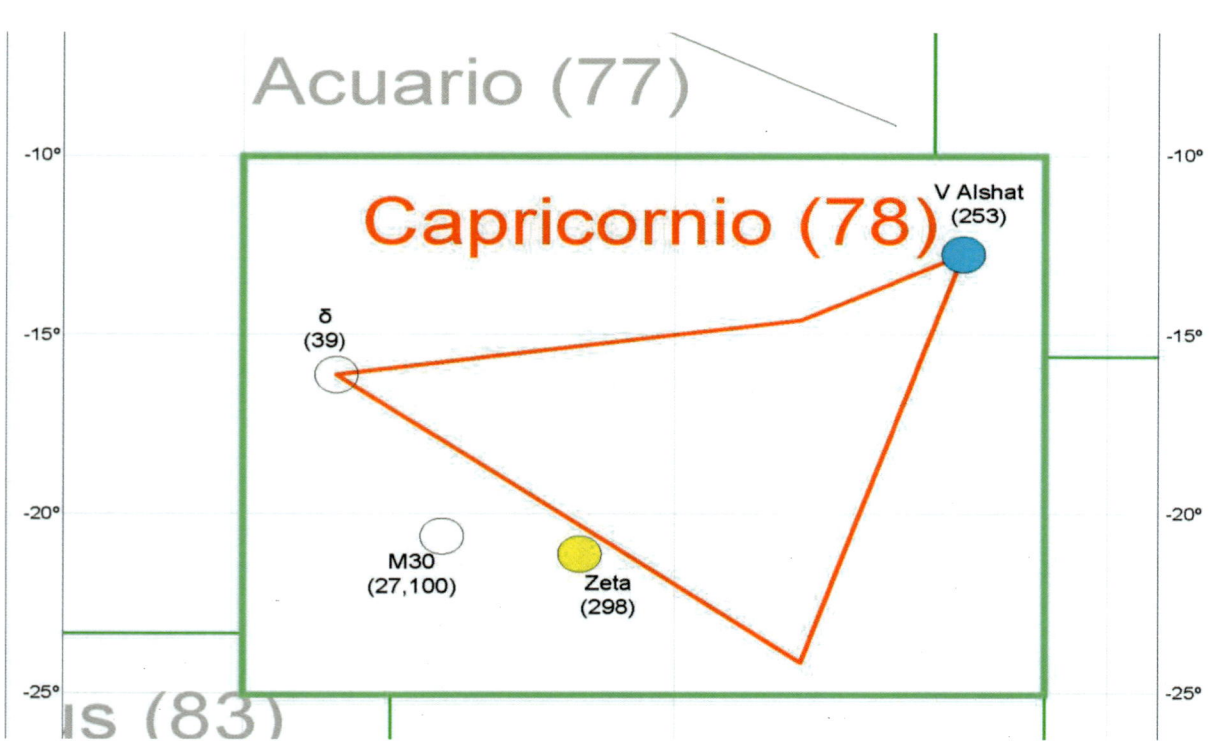

Piscis (20)

Equuleus (72)

α
(750)

Acuario (77)

Aquila (73)

ß
(583)

λ
(392)

ε
(229)

Capricornio (78)

δ
(160)

NGC 7293
(680)

88Ac
(270)

Piscis

Sculptor(23)   Austrinus (83)

Microscopium (82)

Acuario (77)

Capricornio (78)

V Alshat
(253)

δ
(39)

M30
(27,100)

Zeta
(298)

is (83)

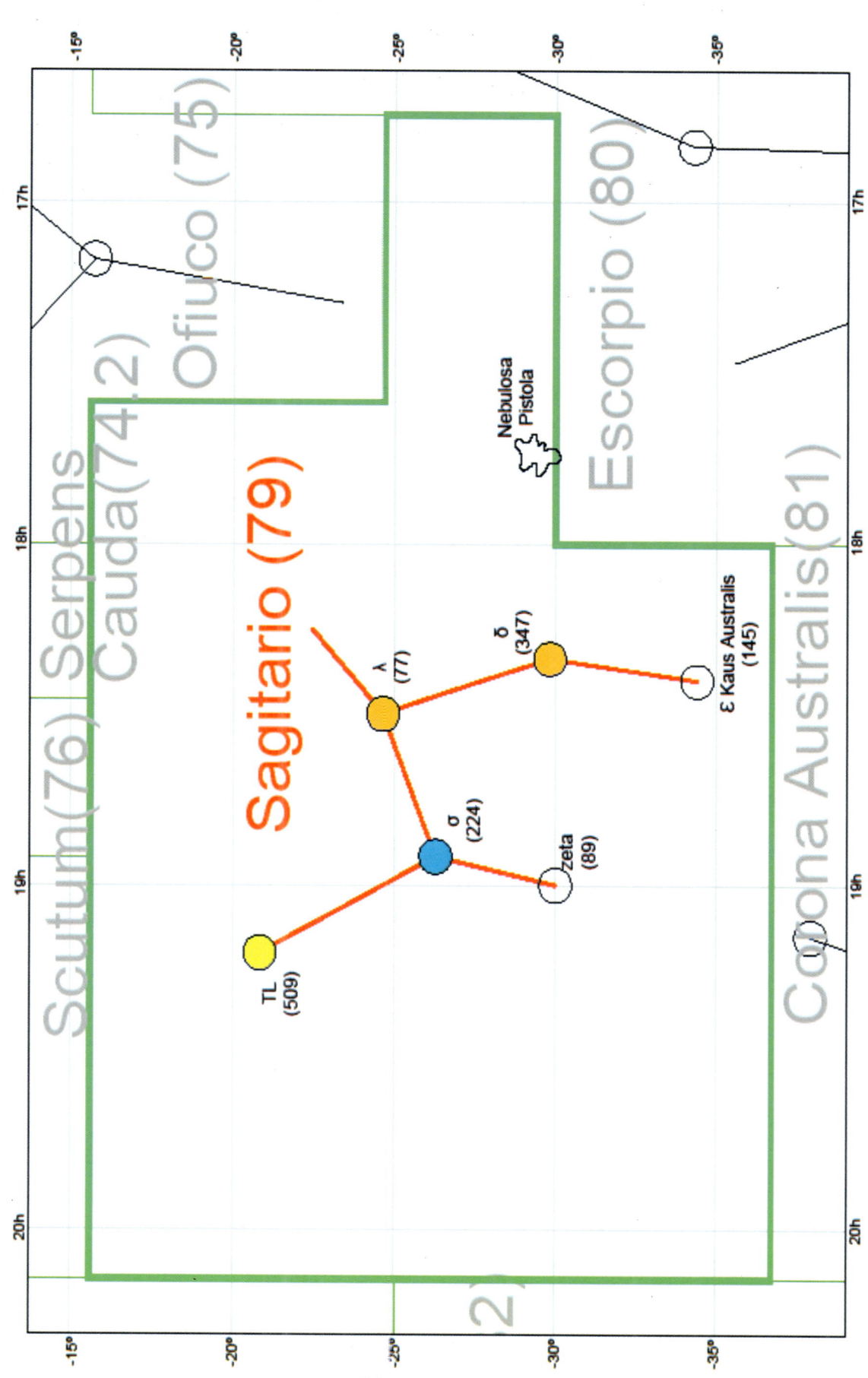

Sagitario (79)

Ofiuco (75)

Serpens
Cauda(74.2)

Scutum(76)

Escorpio (80)

Corona Australis(81)

Nebulosa
Pistola

TL
(509)

σ
(224)

λ
(77)

δ
(347)

zeta
(89)

ε Kaus Australis
(145)

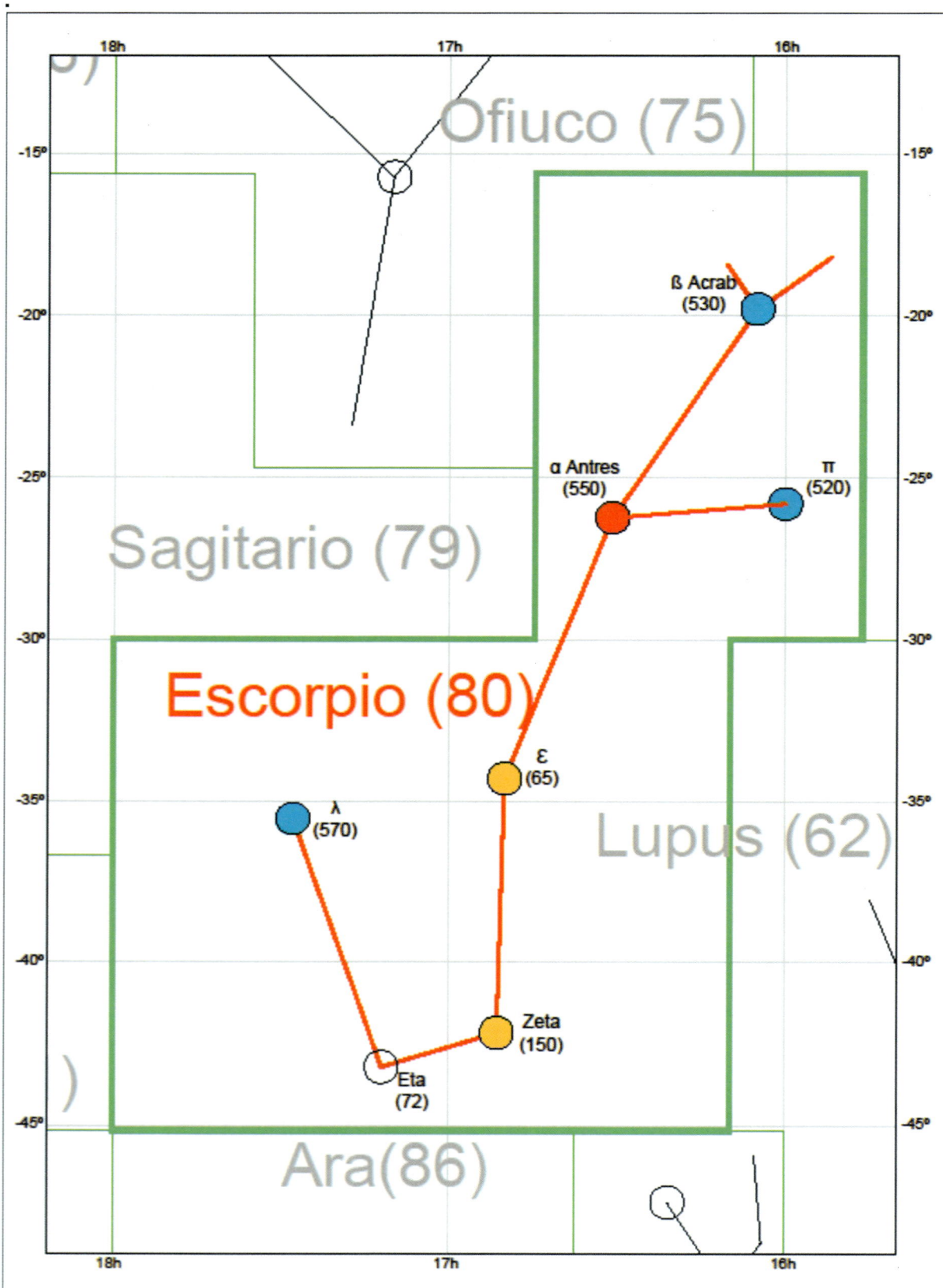

COSMET JA VIU A LA TERRA I VISITA ALS SAVIS

Al nostre segon dia de confinament, ja us vaig explicar que fa uns 4.600 milions d'anys, vaig veure com es formava la Terra i els altres planetes, i que al planeta Terra anava apareixent el que anomenem vida. Això em va cridar molt l'atenció i vaig començar a anar a la Terra assíduament. Quan molts milions d'anys més tard vaig adoptar el meu aspecte humà, vaig decidir ubicar la meva residència habitual al lloc que avui és Barcelona.

A partir de llavors, en els darrers 2.500 anys i tal com ja us he comentat, he anat visitant a molts savis que m'han explicat gairebé tot el que no havia aconseguit entendre.

Us explico les converses que vaig mantenir amb alguns.

Em vaig dirigir a Milet, lloc on van néixer les primeres idees de la filosofia i la ciència gregues.

Els filòsofs que vaig conèixer de l'anomenada Escola de Milet pensaven que havia d'existir un principi material únic que, transformant-se, pogués generar tot allò que existeix.

Vaig poder parlar amb Tales de Milet, que creia que la substància primera havia de ser l'aigua. Aquesta seria la substància originària d'on tot surt i on tot va a parar. Però jo ja era conscient que jo no era aigua.

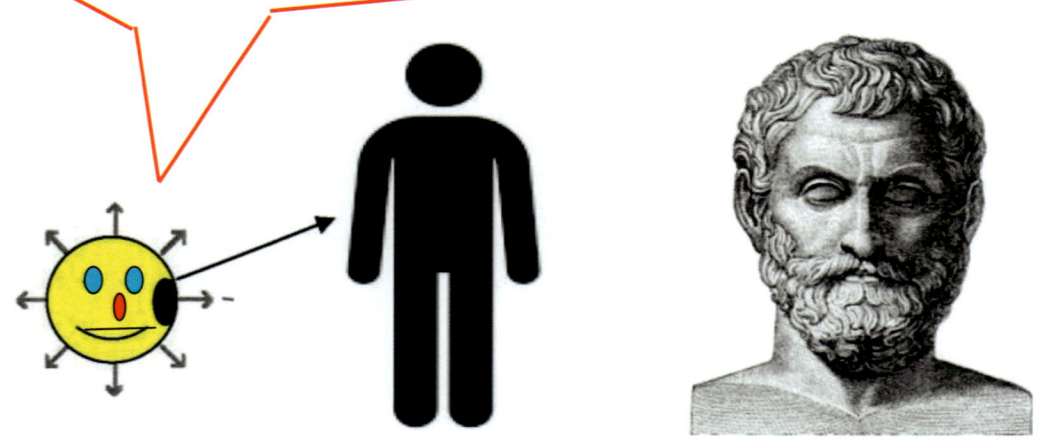

Tot és aigua

Un altre pensador de la mateixa escola a qui també vaig conèixer, pensava que el primer principi buscat devia ser l'aire.

Tot és aire

Anaxímenes. Imatge de Viquipèdia D.P. Retallada de http://www.sir-ray.com/Anaximenes.jpeg i etiquetada com a domini públic.

Però jo ja era conscient que no era aire.

Un altre filòsof pertanyent a aquest primer període de la història del coneixement, va ser Heràclit de Siracusa. Segons ell, tot allò que existeix està en constant moviment i transmutació. Deia sovint que « tot flueix i res no està quiet ». D'acord amb aquesta idea, Heràclit manifestava que el primer principi seria el foc.

Heràclit de Siracusa

Tot flueix i res no està quiet

Tot és foc

Domini públic. File: Heraclitus Rijksmuseum SK-A-2784.jpeg. Creat l'1 de gener de 1628. Heràclit per Hendrick ter Brugghen (1628). Heràclit, parlant i gesticulant mentre es recolza en un globus amb el braç dret.

Anys més tard, vaig estar amb Sòcrates, Plató i Aristòtil, que continuaven pensant que tot està format pels quatre ingredients bàsics: terra, aigua, aire i foc; però ja van introduir també altres conceptes com « Les Idees », Sòcrates i Plató, o « Les formes», Aristòtil.

Sòcrates   Plató   Aristòtil

Tot el que hi ha són idees i qualsevol d'elles, una vegada coneguda, ha d'existir.

Tot això que em van explicar els filòsofs em va semblar molt simplista, però van ser les idees que han perdurat fins fa poc, fins a l'aparició de Galileu i Newton, savis amb què vaig tractar molts segles més tard.

A Grècia, em vaig reunir també amb savis matemàtics, entre ells Tales de Milet, del que ja us he parlat, i més tard, Euclides. Ells varen iniciar el desenvolupament de la geometria.

Vaig poder contactar també amb Pitàgores, que considerava les matemàtiques com la principal base del coneixement. El vaig sentir dir moltes vegades:

El més savi és el número

Pitàgores

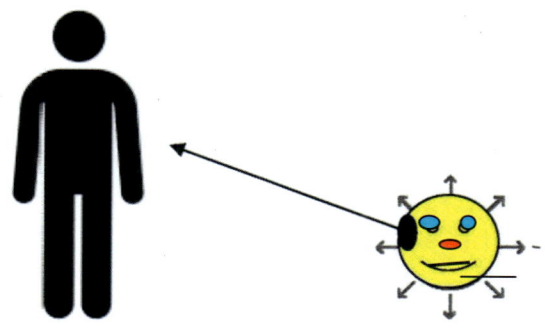

Escolta, que seràs savi. El començament de la saviesa és el silenci. És la primera pedra del temple de la saviesa.

Domini públic. Pitàgores al Fòrum Romà. Còpia d'un original grec del segle II-I aC. Bust als Museus Capitolins. Viquipèdia D.P.

Pocs anys més tard, vaig conèixer els savis àrabs que em van ensenyar l'aritmètica, els principis de l'àlgebra, i vaig aprendre a sumar, restar, multiplicar i dividir.

Un matemàtic àrab, Al-Juarismi, em va explicar que havia viatjat a l'Índia i que havia portat el sistema de numeració que encara avui continua vigent: els nombres naturals.

Wikipedia Commons. An imaginary portrait for Al-Khwarizmi derived from a soviet stamp. Aquest fitxer deriva de: 1983 CPA 5426.jpg. Autor: Michel Bakni (1989–). Llicència Creative Commons Atribució-CompartirIgual 4.0 Internacional

Vaig assistir a algunes de les seves classes i em va sorprendre que qualsevol mena de cosa que li preguntaven, l'explicava enginyosament en termes d'aritmètica. Per exemple, quan un dels seus alumnes li va preguntar quin era el valor d'un home, li va respondre que no valia res si no tenia ètica.

Si l'home té ètica, té un valor un.	1
Si a més és intel·ligent, llavors caldrà afegir-hi un zero.	10
Si també té riqueses materials, un altre zero.	100
Si a més és una persona de gran atractiu i bellesa.	1000
Però si en algun moment aquest home perd l'ètica, aleshores ja no val res perquè només queden zeros. ...	000

Pel que fa a començar a entendre el què havia vist en els meus viatges per l'univers, això va ser molts anys més tard, quan vaig tenir ocasió de visitar els principals savis que havien començat a entendre el moviment de determinats objectes còsmics.

En successives converses que vaig mantenir amb Nicolau Copèrnic, Galileu, Johannes Kepler i poc més tard amb Isaac Newton, ells em van aclarir moltes coses que jo havia contemplat, però mai entès; bàsicament, les causes dels moviments dels objectes còsmics.

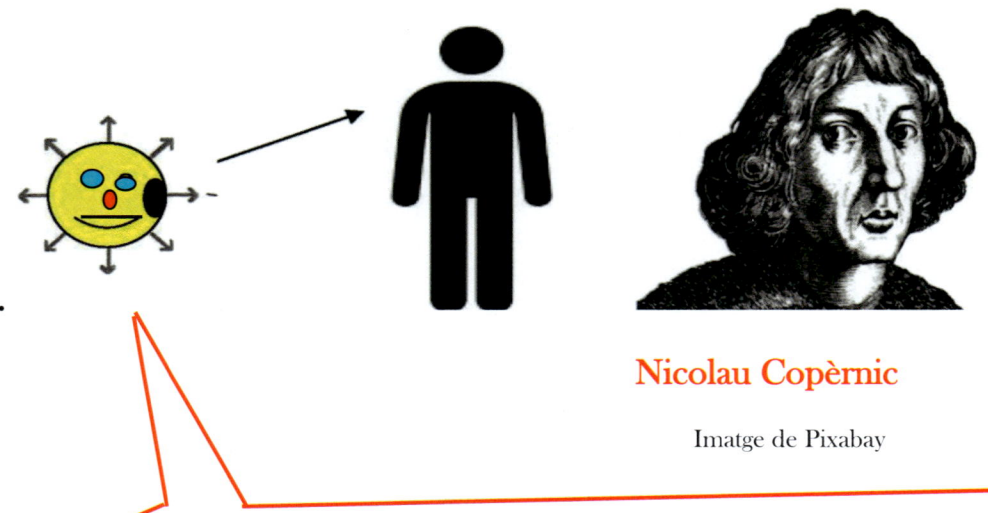

Nicolau Copèrnic

En essència, el que va fer inicialment Copèrnic va ser canviar la idea dels savis de Grècia que consideraven la Terra com el centre de l'univers, situant el Sol al centre.

Aquesta idea es va anar acceptant i perfeccionant gradualment per diversos astrònoms com van ser Galileu i l'alemany Johannes Kepler.

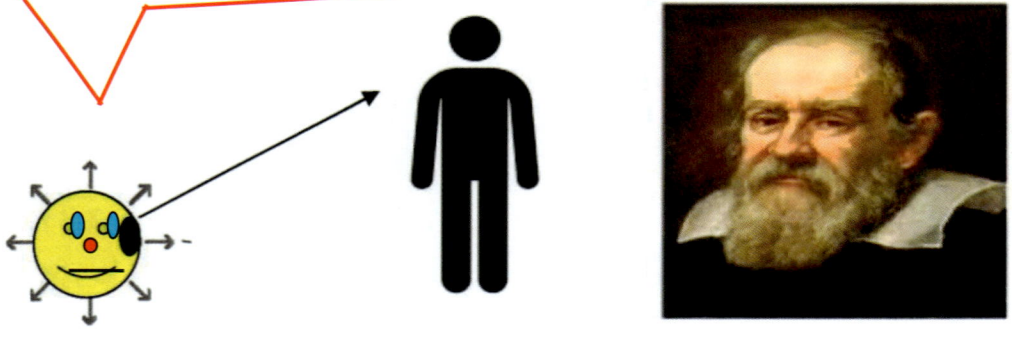

Galileu

La Terra gira al voltant del sol

Poc més tard, vaig passar una temporada al Regne Unit i vaig xerrar llargament amb el senyor Isaac Newton, que entre altres coses, em va explicar les seves idees sobre el moviment dels objectes còsmics.

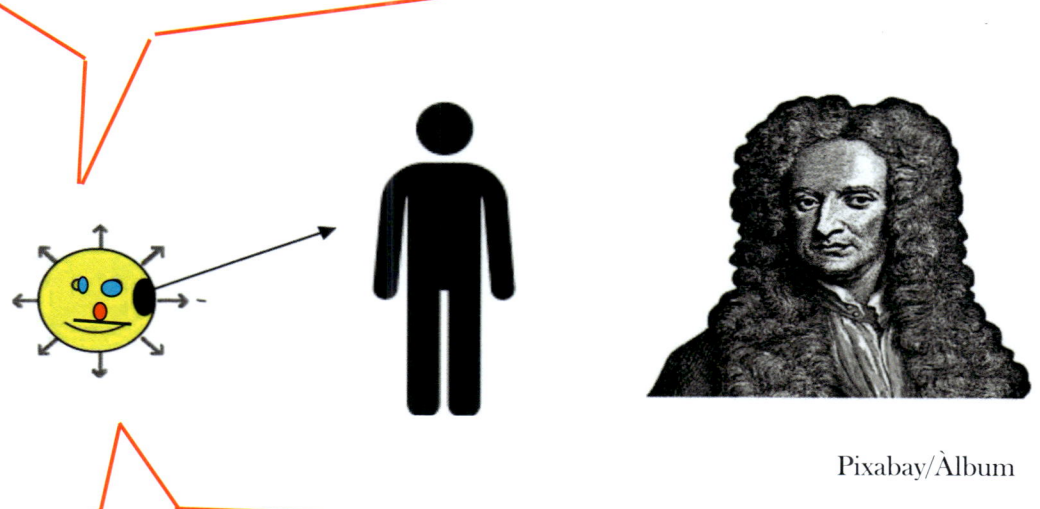

Pixabay/Àlbum

Em va deixar llegir el llibre que acabava de publicar, on formulava la Llei que defineix la primera de les forces que regeixen el comportament de l'univers: la força de la gravetat

Cada partícula de matèria és atreta per qualsevol altra amb una força directament proporcional a les seves masses i inversament proporcional al quadrat de la distància entre elles.

Vaig poder aprendre de quina manera aquesta llei universal determina el moviment orbital dels planetes i altres objectes còsmics en els sistemes estel·lars, motivat per les forces gravitatòries que s'estableixen entre ells.

Em va explicar moltes altres coses, però el més profitós va ser el que em va explicar de matemàtiques.

En tota la resta, em vaig limitar a escoltar-lo i no contradir-lo en cap moment, ja que era una persona molt irascible. Quan li vaig comentar que es deia que havia descobert la seva llei quan, dormint sota una pomera, li va caure una poma sobre el cap, es va enfadar molt.

Tot això són mentides que altres científics, que em tenen enveja, s'inventen per ridiculitzar-me.

Molt iracund, em va puntualitzar que mai se li acudiria adormir-se sota una pomera. La veritat és que no era una persona agradable i no em va caure gens simpàtic.

Em va causar una molt bona impressió com el gran científic que era, però també molt dolenta com a persona. Tenia mala relació amb gairebé tothom i es va passar la vida embolicat en acalorades disputes.

A la meva visita a Newton, també vaig continuar aprenent matemàtiques.

Poc després vaig coincidir amb els savis de l'electricitat i l'electromagnetisme, dels quals ja us he parlat, i vaig contactar amb Charles Augustin de Coulomb, que era militar.

Domini públic

Em va explicar la llei que porta el seu nom, semblant a la llei de gravitació de Newton, i vaig poder començar a entendre els fenòmens elèctrics. Em va deixar llegir un tractat en què descrivia i quantificava l'atracció i la repulsió entre càrregues elèctriques.

Més tard, vaig conversar amb el senyor James Clerck Maxwell, físic que ja dominava les matemàtiques. Em va dir que les forces elèctriques i magnètiques son una única força: la força electromagnètica.

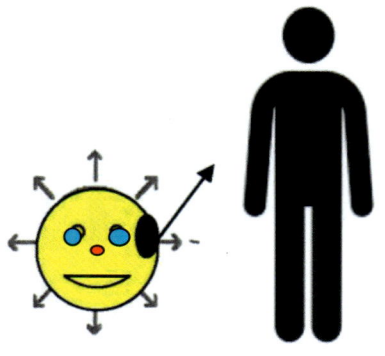

JamesClerck Maxwell

Domini públic. Viquipèdia D.P. Enregistrat de James Clerk Maxwell per GJ Stodart a partir d'una fotografia de Fergus de Greenock. Data desconeguda. Autor: Jorge J. Stodart (~1884). Com a obra anterior al 1890, de domini públic.

Acabava de predir teòricament l'existència de les ones electromagnètiques que ens acompanyen pràcticament en tot el que fem.

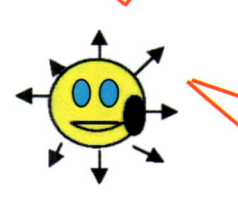

Sí, sí: Quan utilitzeu els telèfons mòbils, escolteu la ràdio, la televisió; quan feu servir el comandament a distància, escalfeu els aliments al microones, i moltes altres coses que feu, tot això només s'explica pel fenomen de les ones electromagnètiques, l'existència de les quals va ser predita per Maxwell.

Vaig poder entendre força bé el que em van explicar Maxwell i altres físics, gràcies al fet que els anys anteriors havia continuat aprenent matemàtiques en les meves visites successives als més savis. Efectivament: entre altres, vaig parlar llargament amb un savi francès anomenat René Descartes. Em va parlar per primera vegada de les representacions geomètriques. Em va dir com se li varen acudir:

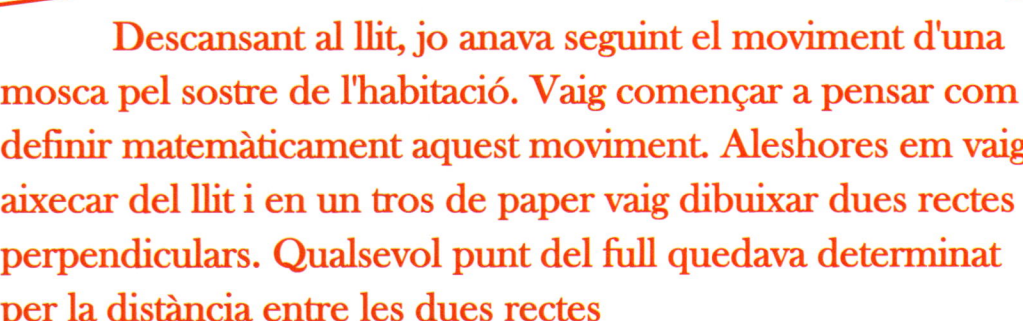

Retrat de Frans Hals   (D.P. Viquipèdia)

Descansant al llit, jo anava seguint el moviment d'una mosca pel sostre de l'habitació. Vaig començar a pensar com definir matemàticament aquest moviment. Aleshores em vaig aixecar del llit i en un tros de paper vaig dibuixar dues rectes perpendiculars. Qualsevol punt del full quedava determinat per la distància entre les dues rectes

Des del primer moment, em va semblar un personatge molt singular. A la conversació que vam mantenir em va dir que havia dubtat sempre de tot; fins i tot de la seva existència. De la única cosa de la que mai va dubtar és del fet que es trobés pensant, i així va concloure que realment existia.

Us explico les meves visites als savis durant els darrers cent cinquanta anys

Fins a l'any 1920, vaig seguir amb interès com els savis anaven descobrint l'estructura de l'àtom. Us avanço una mica dels meus contactes amb ells i també de com els senyors Edwin Hubble i el senyor Alexander Friedmann em van explicar l'expansió de l'univers. També vaig passar molt temps amb altres savis que van començar a descobrir les partícules que jo coneixia des de sempre.

Vaig conversar amb eminents físics com van ser J.J. Thomson que va descobrir l'electró, i amb Lord Rutherford, Pierre i Marie Curie, i Niels Bohr.

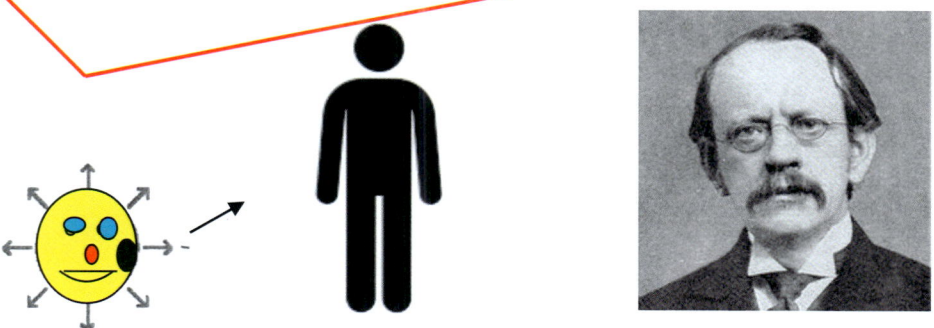

Thomson

He descobert l'electró.

El senyor J. J. Thomson em va exposar ingènuament un primer model d'àtom molt curiós. Ell suposava que els electrons, com a diminutes partícules amb càrrega elèctrica negativa, estaven incrustats en un núvol de càrrega positiu de forma similar a les panses en un pastís. Per això el model es va anomenar model del pastís de panses.

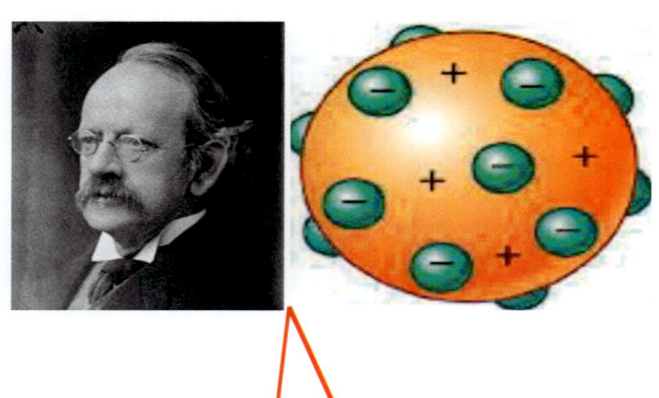

Els electrons estan incrustats en un núvol de càrrega positiu.

La veritat és que em va fer gràcia que pensés en un univers ple de pastissos.

Anys més tard, vaig viatjar fins a Anglaterra on un físic que tenia el títol nobiliari de lord, feia nous experiments: Lord Rutherford. Em va explicar el que en deia el model d'àtom planetari, del qual abans ja us he parlat.

Domini públic. File: Ernest Rutherford LOC.jpg. Unrecorded. Autor: Col·lecció George Grantham Bain (Biblioteca del Congrés). PD-US "No es coneixen restriccions de publicació".

En un altre ordre de coses, vaig tenir ocasió de parlar també amb els senyors Edwin Hubble i Alexander Friedmann. Tots dos em van explicar l'expansió de l'univers.

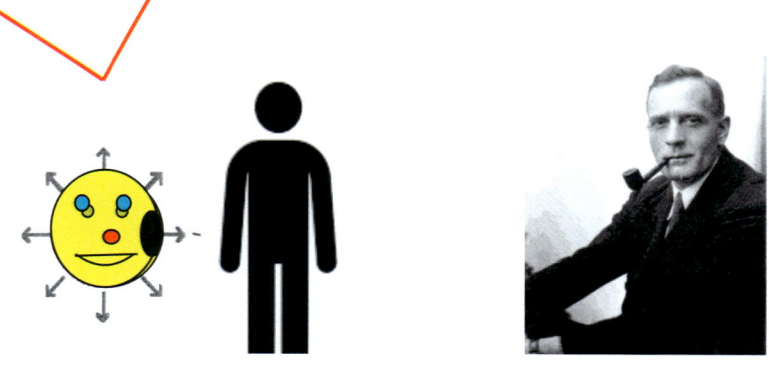

Hubble

Domini públic. Studio Portrait of Edwin Powell Hubble. Photographer: Johan Hagemeyer, Camera Portraits Carmel. Photograph signed by photographer, dated 1931. Font: http://hdl.huntington.org/cdm/ref/collection/p15150coll2/id/129. Autor: Johan Hagemeyer (1884-1962)

Amb el físic rus Alexander Friedmann hi vaig parlar l'any 1925.

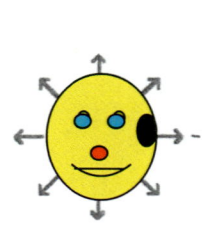

Domini públic. Retallat del fitxer: Aleksandr Fridman.png. Creat en data desconeguda. Autor desconegut.

Ja d'entrada vaig notar que tenia un sentit molt fi de l'humor. Abans de parlar-me de les seves teories em va explicar que el seu pare era ballarí i la seva mare, pianista; i que ell, tot i dedicar-se a la física, realment era meteoròleg. Em va dir:

Els matemàtics dolents es fan físics i els físics dolents ens fem meteoròlegs.

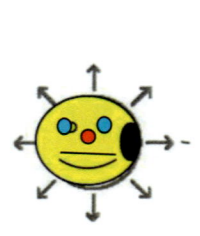

Però aquest meteoròleg va ser un dels primers científics que va crear un model matemàtic que mostrava un univers en expansió.

VISITES ALS SAVIS DE LA FÍSICA QUÀNTICA I A D'ALTRES DURANT ELS DARRERS CENT ANYS

Max Planck

Max Born

Heisenberg

Schrodinger

A partir de l'any 1900 vaig conèixer a Max Planck i als altres savis de la física quàntica.

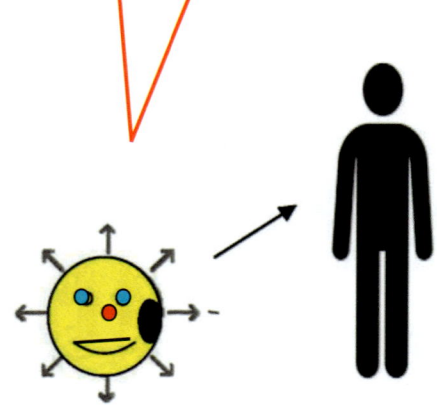

Max Planck

El senyor Max Planck em va parlar dels seus descobriments, cosa que em va portar a entendre com es comporta el món de les partícules.

El primer que em va dir és que, a l'univers, la transmissió de l'energia no és contínua sinó que es fa a salts. Es transmet en determinats paquets que en diuen *quants d'energia*.

Max Born, Heisenberg i Schrodinger em van parlar del que en el mon de les partícules, tot funciona diferent que en el mon que coneixem.

Born y Heisenberg em varen explicar que regeix el que en deien el *principi de superposició de tots els estats quàntics possibles*.

Tota partícula quàntica, mentre no es observada, es troba simultàniament en una superposició de tots els seus estats quàntics possibles.

En canvi, quan s'observa la partícula es troba en un sol estat.

Us pot costar d'entendre això, però per a mi era evident, ja que jo mateix soc una partícula.

Ja us vaig dir el primer dia, que quan ningú em mirava, em trobava simultàniament a tots els punts de l'univers.

Tot això m'ho va acabar d'explicar el senyor Schrodinger

Mentre no s'observa, la partícula quàntica i qualsevol de les seves propietats, es troba en una superposició de tots els seus estats possibles. Els té tots alhora.

L'any 1935, em va explicar un experiment mental que havia realitzat, que després s'ha fet molt famós i s'ha anomenat el gat de Schrodinger.

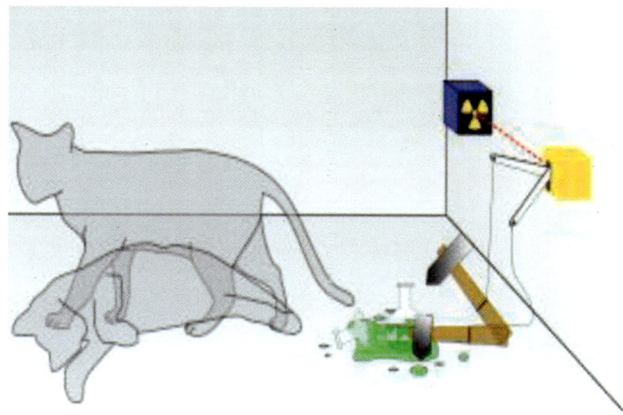

Un gat amb un flascó amb verí. Si el dispositiu trenca el flascó, s'allibera el verí i mor el gat

Consisteix doncs, en un gat tancat en una càmera amb un dispositiu que el pot matar si s'activa, i la seva activació és un fenomen que durant un temps determinat té la mateixa probabilitat de passar o de no passar. El gat té dos estats possibles superposats en la funció: viu i mort.

El gat es troba simultàniament viu i mort. Només pot adoptar un dels dos estats quan es fa un acte d'observació obrint la caixa. Aquest experiment mental, indica que a l'univers hi ha molts sistemes que només poden adoptar un determinat valor en fer-ne l'acte de mesurament o l'observació experimental.

Tot això ho vaig poder entendre millor quan vaig assistir a una conferencia del senyor Stephen Hawking, de la que us reprodueixo alguns fragments:

Fins fa poc, es creia que, si en un instant determinat es coneguessin les posicions i velocitats de totes les partícules de l'univers, podríem calcular-ne la seva posició en qualsevol altre moment del futur.

Però la teoria quàntica mostra que això no és possible, ja que ni tant sols es pot mesurar exactament la posició i la velocitat d'una partícula alhora.

Per veure on és una partícula, cal il·luminar-la, però d'acord amb Planck, no es pot fer servir una quantitat de llum qualsevol. S'ha d'usar obligatòriament, si més no, un quant. L'impacte del quant canvia la velocitat de la partícula i, per tant, la que tenia queda indeterminada.

Passo a acabar d'aclarir-vos els principis quàntics que em van explicar els savis, i el que s'ha anomenat la realitat quàntica.

El primer dia de confinament ja us vaig dir que jo, com a partícula quàntica que era, tenia una doble naturalesa. Alhora, jo era com una partícula que està localitzada en un lloc determinat, però també com una ona que ocupava la totalitat de l'espai. Quan no em miraven, em trobava simultàniament a tot arreu.

Mai no havia entès això fins a escoltar els savis de la física quàntica que, tal com ja us he dit, em van exposar els principis de no continuïtat, indeterminació i superposició.

Una partícula mentre no és observada, segons el principi de superposició es troba simultàniament en tots els seus estats quàntics possibles. Així, doncs, una realitat de qualssevol de les seves característiques o propietats possibles no existeix fins que algú la mira o realitza l'acte de mesurament.

En el moment de l'observació, la partícula pot adoptar, amb diferents probabilitats, qualsevol dels seus estats possibles.

Uns anys més tard, vaig poder parlar amb el senyor Paul Dirac que va descobrir l'existència de l'antimatèria. En realitat, jo ja la coneixia des de poc després de néixer.

La veritat és que no va ser fàcil aconseguir que em comentés les seves teories, ja que tenia un caràcter difícil i taciturn, poc donat a explicar coses. Entre els amics i els col·legues era famós per la seva extrema economia de paraules. Era realment un home de poques paraules. El seu vocabulari a la conversa, gairebé sempre, es limitava a tres possibles respostes, sense més comentaris ni explicacions:

Sí

No

No ho sé

Després d'una mica de paciència, vaig aconseguir que m'expliqués com havia descobert teòricament l'existència de l'antimatèria, com l'equivalent a una energia negativa.

De fet, no em va dir res de nou, doncs jo ja havia vist partícules de antimatèria, poc després de néixer.

Si existeix l'energia negativa, també hi ha d'haver l'antimatèria.

A partir del 1975 vaig conèixer a Roger Penrose i a Stephen Hawking, que em varen aclarir moltes coses sobre els forats negres, aconseguint llavors entendre moltes coses que havia vist i viscut, però mai comprès. Em van explicar moltes de les propietats dels forats negres.

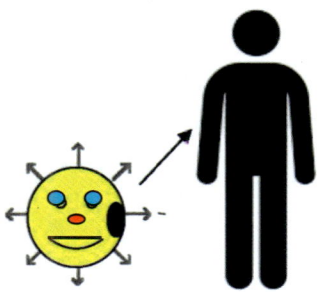

Roger Penrose. Llicència Creative Commons Genèrica d'Atribució Cirone-Musi (2011). Festival della Scienza. Aquest fitxer té la llicència Creative Commons Attribution-Share Alike 2.0. Genèric. CC BY – SA 2.0. Stephen Hawking al Centre d'Aprenentatge StarChild de la NASA, c. dècada de 1980. Domini públic. Data desconeguda (fotografia). File:Stephen Hawking.StarChild.jp Autor: NASA. Aquest fitxer és de domini públic perquè va ser creat per la NASA

Més recentment, he parlat amb savis que m'han explicat molts altres contes com és ara el *conte de les cordes*, Tots aquests contes, tot i que me'ls ha explicat gent molt sàvia, és impossible verificar-los experimentalment.

Va ser l'any 1969, quan vaig sentir parlar per primera vegada de les cordes. Va ser quan vaig visitar el físic anomenat Leonard Susskind. Ell tenia la idea que les partícules podrien ser en realitat com uns fils energètics en forma de cordes vibrants.

Durant tots aquests anys, he realitzat també altres tipus de visites, en les que m'he entretingut molt. Es tracta de les excursions que he fet en la meva forma natural de partícula quàntica, acompanyant astronautes a les seves missions espacials.

A la dècada de 1960 - 1970, van començar les missions espacials dutes a terme per el coneixement directe del nostre univers més proper dins del sistema solar. Vaig seguir per curiositat totes aquestes experiències i fins i tot discretament en la meva forma natural de partícula quàntica, vaig acompanyar alguns astronautes en algunes de les seves missions.

Per exemple, l'any 1969 i sense que ells ho sabessin, vaig estar a la missió de l'Apol·lo acompanyant els astronautes del primer viatge tripulat que va aterrar a la lluna.

Imatge de Pixabay

En tots aquests anys també va començar l'exploració còsmica de l'univers mitjançant satèl·lits artificials.

Tots sabeu que un satèl·lit artificial és un enginy enviat a una llançadora espacial, que es manté en òrbita al voltant de cossos de l'espai. Van néixer entre les dècades dels anys 40 i 50 durant la guerra freda entre els Estats Units i la Unió Soviètica, quan pretenien ambdós conquerir l'espai.

També he estat convidat a veure molts telescopis terrestres. Els que m'han agradat més són els radiotelescopis.

Imatge de Pixabay

Solen tenir una gran antena parabòlica Aquest tipus de telescopi es pot fer servir tant de dia com de nit, ja que no capta imatges del cosmos en llum visible, sinó que capta ones de ràdio.

D'aquesta mena, el que més m'ha agradat és el conjunt anomenat ALMA, construït l'any 2013 a Xile. Comprèn un conjunt de 66 antenes de set i dotze metres de diàmetre que han permès als savis entreveure la formació de les primeres generacions d'estrelles.

Imatge de Pixabay

Una altra cosa són els telescopis situats a l'espai o observatoris espacials de què ja us he parlat. Un observatori espacial és un satèl·lit artificial que s'utilitza per a l'observació de planetes, estrelles, galàxies i altres cossos celestes de manera similar a un telescopi a terra.

He viatjat en molts, però bàsicament al telescopi espacial Hubble que ha pogut observar i conèixer no només la Via Làctia, sinó també els llocs més llunyans de l'univers, proporcionant imatges de centenars de galàxies.

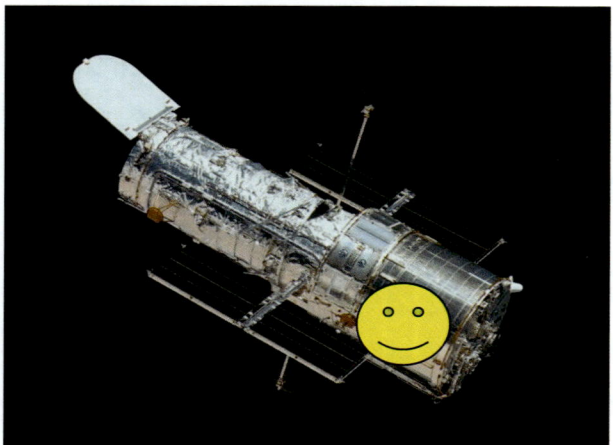

Domini públic als Estats Units perquè va ser creat únicament per la NASA. La política de drets d'autor de la NASA estableix que el material de la NASA no està protegit per drets d'autor tret que s'indiqui.

> **Durant els darrers 20 anys he anat veient com el coneixement de l'univers per part dels humans, ha anat augmentant.**

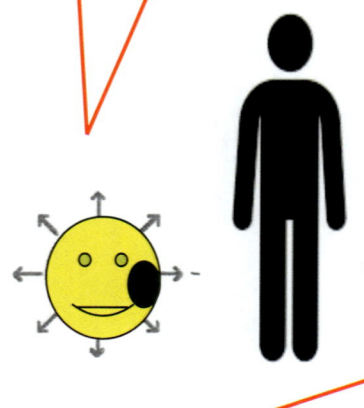

> **Per fi s'han acabat els nostres catorze dies de confinament**

Aplaudiments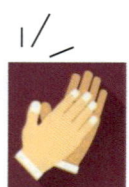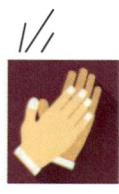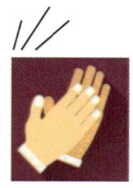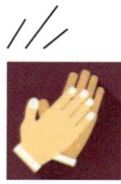

**Cosmet visita
als savis**

Per fi, he pogut entendre tot el que vaig veure

Cosmet, que ja és molt gran, ja que ja ha complert els 13.700 milions d'anys, ha viatjat per tot l'univers i ens explica totes les coses que han anat passant durant la llarga vida. Mai va aconseguir entendre per què succeïen, fins que en els darrers 2.500 anys, ha anat coneixent els humans més savis que els ho han anat explicant.

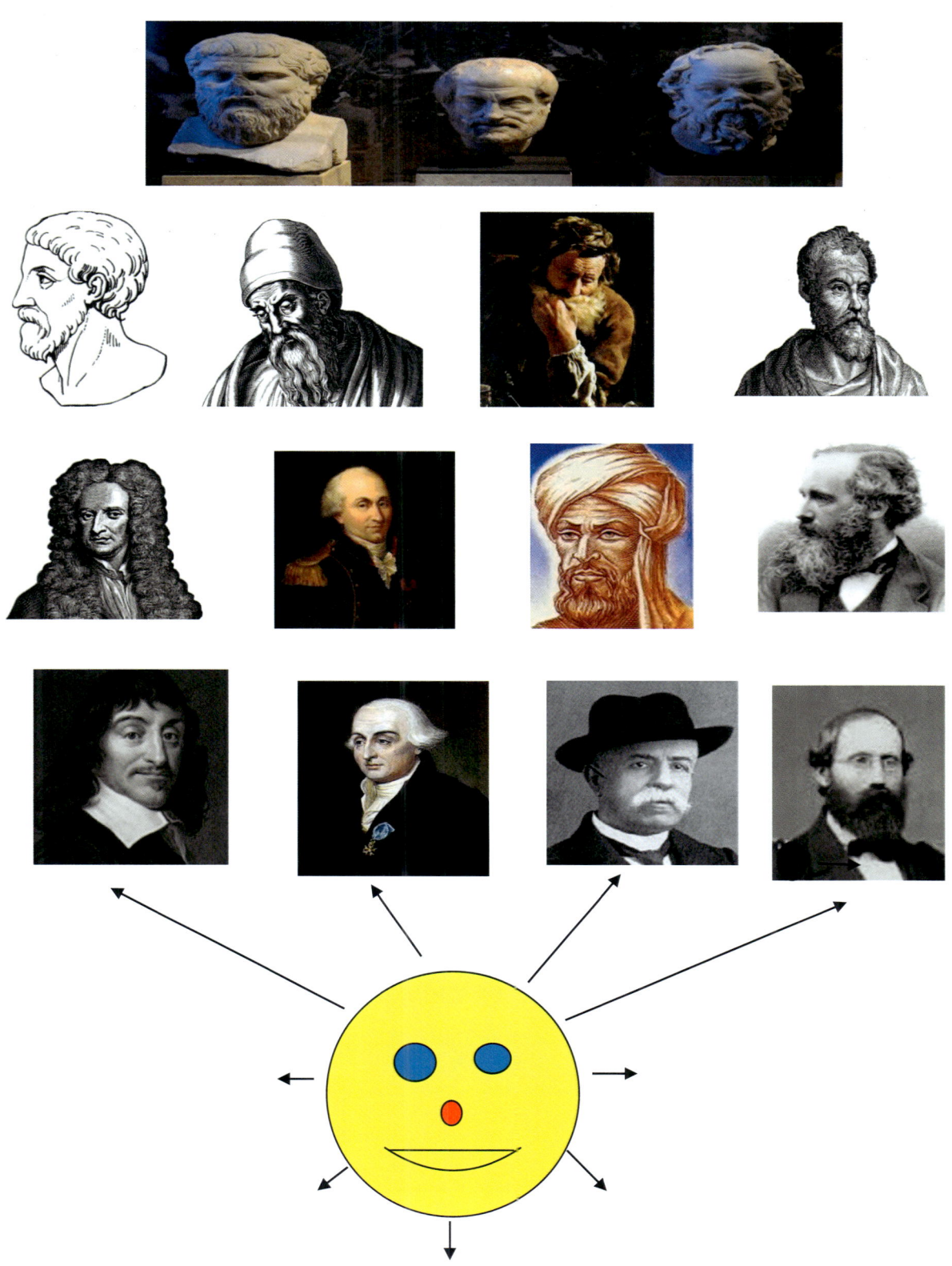

Una obra de divulgació per conèixer l'univers a partir d'un gran viatge per la història del pensament científic